BestMasters

Mit „BestMasters" zeichnet Springer die besten Masterarbeiten aus, die an renommierten Hochschulen in Deutschland, Österreich und der Schweiz entstanden sind. Die mit Höchstnote ausgezeichneten Arbeiten wurden durch Gutachter zur Veröffentlichung empfohlen und behandeln aktuelle Themen aus unterschiedlichen Fachgebieten der Naturwissenschaften, Psychologie, Technik und Wirtschaftswissenschaften.
Die Reihe wendet sich an Praktiker und Wissenschaftler gleichermaßen und soll insbesondere auch Nachwuchswissenschaftlern Orientierung geben.

Eike Björn Schweißguth

Entwicklung und Evaluierung eines SDN-gestützten echtzeitfähigen Gerätenetzwerkes

Eike Björn Schweißguth
Rostock, Deutschland

BestMasters
ISBN 978-3-658-14746-4 ISBN 978-3-658-14747-1 (eBook)
DOI 10.1007/978-3-658-14747-1

Die Deutsche Nationalbibliothek verzeichnet diese Publikation in der Deutschen Nationalbibliografie; detaillierte bibliografische Daten sind im Internet über http://dnb.d-nb.de abrufbar.

Springer Vieweg

Gedruckt auf säurefreiem und chlorfrei gebleichtem Papier

Springer Vieweg ist Teil von Springer Nature
Die eingetragene Gesellschaft ist Springer Fachmedien Wiesbaden GmbH

Inhaltsverzeichnis

Abbildungsverzeichnis

Tabellenverzeichnis

Codeverzeichnis

Abkürzungen

API:	Application Programming Interface
ARP:	Address Resolution Protocol
CSMA/CD:	Carrier Sense Multiple Access with Collision Detection
DPID:	Datapath ID
DSCP:	Differentiated Services Code Point
DST:	Destination
ICMP:	Internet Control Message Protocol
IE:	Industrial Ethernet
IEEE:	Institute of Electrical and Electronics Engineers
IP:	Internet Protocol
JSON:	Java Script Object Notation
LLDP:	Link Layer Discovery Protocol
MAC:	Medium Access Control
RTOS:	Real-Time Operating System
RTT:	Round Trip Time
SDMA:	Space Division Multiple Access
SDN:	Software Defined Network(ing)
SPoF:	Single Point of Failure
SRC:	Source
TCP:	Transport Control Protocol
TDMA:	Time Division Multiple Access
TLS:	Transport Layer Security
TLV:	Type-Length-Value
ToS:	Type of Service
UDP:	User Datagram Protocol
VLAN:	Virtual Local Area Network

Abkürzungen

1 Einleitung

1.1 Motivation und Zielsetzung

Ein Kommunikationssystem, das eine Datenübertragung zuverlässig unter Einhaltung zeitlicher Vorgaben abschließen kann, wird im Allgemeinen als echtzeitfähig bezeichnet. In industriellen Automatisierungsumgebungen werden häufig echtzeitfähige Kommunikationssysteme benötigt, da eine verspätete Zustellung von Sensordaten oder Steuerbefehlen zu schweren Folgen, wie dem Ausfall von Produktionsanlagen oder der Gefährdung von Menschenleben, führen kann. Als klassisches echtzeitfähiges Kommunikationssystem kommen auch heute noch Feldbusse zum Einsatz. Diese werden jedoch zunehmend von Industrial Ethernet (IE)-Systemen verdrängt, da diese oftmals wesentliche Vorteile gegenüber Feldbussen bieten. Da die IE-Systeme auf Standard-Ethernet nach IEEE 802.3 aufbauen, lassen sie sich in der Regel leichter in die bestehende IT-Infrastruktur von Unternehmen integrieren und ermöglichen so eine einheitliche Vernetzung. Zu den Vorteilen zählen außerdem die gegenüber Feldbussen gesteigerte Leistungsfähigkeit und verringerte Kosten durch Nutzung von Standard-Ethernet-Hardware. Ebenso wie bei den Feldbussen haben sich auch für IE-Systeme konkurrierende Standards entwickelt, die alle das Problem lösen, dass Standard-Ethernet auf Grund seiner Medienzugriffsregelung prinzipiell nicht echtzeitfähig ist. Dennoch besitzt jedes der existierenden IE-Systeme mit hoher Leistungsfähigkeit auch nennenswerte Nachteile, wie eine verringerte Ausfallsicherheit durch einen Single Point of Failure (SPoF), hohen manuellen Konfigurationsaufwand oder erforderliche, kostensteigernde Spezialhardware. Ein weiteres Problem ist die Skalierbarkeit des Netzwerks und vor allem in größeren Netzwerken Einschränkungen bei der effektiven Ausnutzung der zur Verfügung stehenden Bandbreite. Dies stellt besonders in Anbetracht der auch in Automatisierungsumgebungen immer weiter steigenden Anzahl netzwerkfähiger Geräte und Anwendungen [1] einen Nachteil dar. Daher ist die Entwicklung neuer IE-Systeme, die diese bekannten Probleme vermeiden, von großem Interesse.

Das neue Konzept des Software Defined Networking (SDN) stellt eine interessante Möglichkeit zur Entwicklung derartiger neuer IE-Systeme dar. Dabei wird die in herkömmlichen Netzwerken auf die einzelnen Netzwerkelemente (z.B. Router, Switches) verteilte Kontrolllogik von diesen Elementen getrennt und in eine zentrale Controller-Software verlagert, die fortan die Entscheidungen über die Weiterleitung von Daten durch das Netzwerk trifft, diese Entscheidungen den Netzwerkelementen über eine standardisierte Schnittstelle mitteilt und so die Kontrolle über das Netzwerk ausübt. Das SDN ermöglicht schnelle Tests neuer Netzwerkkonzepte in realen Netzwerken, was zusammen mit der Programmierbarkeit des Controllers den Entwicklungsprozess eines neuen IE-Systems beschleunigt.

Durch die Programmierbarkeit und die zentrale Sicht des Controllers auf das Netzwerk können sehr flexible Netzwerke mit komplexen Routingstrategien und erweiterten benutzerdefinierten Funktionen realisiert werden, die in herkömmlichen Netzwerk nur wesentlich schwieriger oder überhaupt nicht realisierbar sind. Eine optionale Kommunikation des Controllers mit Anwendungen bietet zudem neue Möglichkeiten der Anpassung des Netzwerks auf deren Bedürfnisse.

In dieser Arbeit wird daher ein neues Echtzeitkommunikationssystem entworfen, das bekannte Mechanismen zur Realisierung einer echtzeitfähigen Kommunikation aufgreift und diese mit Hilfe der neuen Möglichkeiten des SDN erweitert, um die Nachteile herkömmlicher IE-Systeme zu vermeiden.

1.2 Aufbau der Arbeit

In Kapitel 2 wird die Problemstellung der echtzeitfähigen Datenübertragung genauer erläutert und existierende IE-Systeme kurz vorgestellt. Außerdem werden die im entworfenen Echtzeitkommunikationssystem wiederverwendeten Technologien beschrieben, wobei der Fokus auf wichtigen Entwicklungen im Bereich des SDN liegt. Kapitel 3 und 4 präsentieren Konzept und Implementierung des entworfenen Systems, bevor in Kapitel 5 der praktische Einsatz und die erzielten Messergebnisse gezeigt werden. In Kapitel 6 werden die Ergebnisse diskutiert und Vorschläge für weitere Arbeiten am vorgestellten System gemacht. Kapitel 7 stellt andere relevante Arbeiten aus dem Themengebiet vor. Abschließend wird die Arbeit in Kapitel 8 zusammengefasst.

2 Grundlagen

2.1 Echtzeitdatenübertragung und Industrial Ethernet

2.1.1 Klassifizierung von Echtzeitkommunikationssystemen

Der Begriff „Echtzeit" wird in unterschiedlichen Themenbereichen mit zum Teil sehr unterschiedlicher Bedeutung verwendet. Im Zusammenhang mit eingebetteten Systemen und der Datenübertragung in Automatisierungsumgebungen spricht man davon, dass ein System echtzeitfähig ist, wenn es bestimmte Aufgaben zuverlässig vor dem Erreichen einer vorgegebenen Zeitschranke (Deadline) abschließen kann. Bei der rechtzeitig abzuschließenden Aufgabe kann es sich zum Beispiel um eine lokal ausgeführte Berechnung oder um eine Datenübertragung über ein Netzwerk handeln.

Mit der Unterscheidung zwischen weichen und harten Echtzeitanforderungen einer Aufgabe werden die Folgen bei Nichteinhaltung von Deadlines beschrieben [2]:

- Bei Aufgaben mit **harten** Echtzeitanforderungen kann die Nichteinhaltung von Deadlines katastrophale Folgen haben, wie z.B. eine Beschädigung der Anlage oder eine Gefährdung von Personen.
- Bei Aufgaben mit **weichen** Echtzeitanforderungen führt die Nichteinhaltung von Deadlines nur zu einem geringeren Nutzen des erzeugten Ergebnisses. Das Gesamtsystem kann seine Arbeit in der Regel mit verringerter Leistung fortsetzen.

Auf vergleichbare Weise kann die Echtzeitfähigkeit von Systemen beschrieben werden. Weiche Echtzeitfähigkeit bedeutet, dass das System Deadlines in der Regel erfüllen kann, Ausnahmen sind jedoch möglich. Dementsprechend kann es dann nur für Aufgaben mit weichen Echtzeitanforderungen genutzt werden. Ein System mit harter Echtzeitfähigkeit kann die Einhaltung von Deadlines garantieren und ist daher für Aufgaben mit harten Echtzeitanforderungen einsetzbar. Wird in dieser Arbeit von Echtzeitfähigkeit gesprochen, so ist harte Echtzeitfähigkeit gemeint, falls nicht explizit etwas anderes genannt wird.

Im Bereich der Automatisierungsumgebungen wird die echtzeitfähige Gerätevernetzung in den meisten Fällen zur Übertragung von Sensor- und Steuerungsdaten benötigt, die regelmäßig aktualisiert werden müssen. Dementsprechend wiederholt sich das gleiche Kommunikationsmuster zwischen den Geräten immer wieder und man spricht daher von einer zyklischen Kommunikation. Die Zeit, nach der sich das Kommunikationsmuster wiederholt, wird als Zykluszeit bezeichnet. Je geringer die Zykluszeit ist, desto häufiger können Sensor- und Steuerungsdaten aktualisiert werden. Anspruchsvolle Anwendungen erfordern eine sehr häufige Aktualisierung von Sensor- und Steuerungsdaten und benötigen somit eine geringe Zykluszeit. Das Problem hierbei ist, dass die Zykluszeit nicht beliebig klein gewählt werden kann, da ein Zyklus ausreichend lang sein muss, um die Übertragung aller pro Zyklus zu sendenden Daten mit den zur Verfügung stehenden Netzwerkressourcen abzuschließen. Ein System zur echtzeitfähigen Datenübertragung zeichnet sich daher durch eine effiziente Verwaltung der zur Verfügung stehenden Netzwerkressourcen aus, sodass auch Anwendungen mit hohen Anforderungen an die Zykluszeit betrieben werden können. Echtzeitkommunikationssysteme werden daher oft nach der minimal erreichbaren Zykluszeit in Klassen eingeteilt [1]:

- Klasse 1: Weiche Echtzeitfähigkeit, Zykluszeiten im Bereich von 100 ms
- Klasse 2: Harte Echtzeitfähigkeit, Zykluszeiten zwischen 1 ms und 10 ms
- Klasse 3: Isochrone Echtzeitfähigkeit, Zykluszeiten zwischen 250 µs und 1 ms mit Jitter unterhalb von 1 µs

2.1.2 Industrial Ethernet

Eine bereits seit vielen Jahrzehnten etablierte Möglichkeit zur echtzeitfähigen Gerätevernetzung in industriellen Anwendungen stellen die Feldbusse dar. Im Bereich der Feldbusse existiert eine Vielzahl von Systemen unterschiedlicher Hersteller, die sich in der Vergangenheit als zuverlässig erwiesen haben und mit denen auf Grund des langjährigen Einsatzes umfangreiche Erfahrungen vorliegen. Daher werden Feldbusse auch heute noch zur Fabrikvernetzung eingesetzt. Seit einigen Jahren zeigen sich jedoch verschiedene Schwächen dieser Technologien. Sie sind in der Regel weder untereinander noch zu modernen Internettechnologien kompatibel. Des Weiteren ist die Anzahl der vernetzbaren Geräte beschränkt, was ein Problem für die Skalierbarkeit des Netzwerks darstellt.

Daher haben sich mittlerweile verschiedene auf Ethernet basierende Systeme zur echtzeitfähigen Vernetzung entwickelt, die sogenannten Industrial-Ethernet-Systeme. Zu den bedeutendsten Zielen der Industrial-Ethernet-Systeme zählt die Integration von Geräten auf Feldebene (d.h. beispielsweise Geräte in einer Fertigungsanlage) in die IT-Infrastruktur des Unternehmens. So sollen die PCs aus dem Büronetzwerk mit den Geräten der Feldebene kommunizieren können, um beispielsweise Statusinformationen abzufragen oder Änderungen an der Konfiguration vorzunehmen. Durch die bessere

Kompatibilität zwischen den gleichermaßen auf Ethernet basierenden Büronetzwerken und Industrial-Ethernet-Systemen sollen dabei im Vergleich zum Einsatz von Feldbussen keine oder wesentlich weniger aufwendige Gateways zwischen Büronetzwerk und Fabriknetzwerk notwendig sein. Die nicht zeitkritischen IT-Daten werden dabei über das Industrial Ethernet übertragen, ohne dass die zuverlässige Übertragung von zeitkritischen Prozessdaten negativ beeinflusst wird. Ein weiterer Vorteil der Industrial-Ethernet-Systeme ist es, dass bei Konzept und Implementierung der Systeme auf viele bereits durch IEEE 802.3 (Ethernet) standardisierte Komponenten zurückgegriffen werden kann. Dies reicht über die Verwendung von standardisierten Kommunikationsmedien und Steckerverbindungen bis hin zur Integration etablierter Protokolle aus dem Bereich der Internettechnologien (IP, TCP, UDP). Zur Übertragung nicht zeitkritischer IT-Daten können beispielsweise TCP/IP-Verbindungen oder UDP/IP-Pakete verwendet werden, während nur für die Übertragung von Prozessdaten die für die jeweilige Anwendung üblichen, speziellen Protokolle eingesetzt werden. Damit die nicht zeitkritischen Daten keine negativen Auswirkungen auf die Echtzeitdatenübertragung haben, kann entweder eine strikte Priorisierung der zeitkritischen Daten erfolgen, oder die Medienzugriffsregelung des IE-Systems steuert die Übertragung nicht zeitkritischer Daten ebenso wie die Übertragung zeitkritischer Daten. Da dieser Vorgang in der Regel transparent für die Anwendung ist, bleibt die Kompatibilität zu IT-Anwendungen dabei erhalten. Aus der Verwendung von durch IEEE 802.3 standardisierten Komponenten resultieren auch Kostenvorteile, wie z.B. durch die Verwendung von bereits existierender Ethernet-Hardware. Außerdem bieten die zur Verfügung stehenden Ethernet-Technologien wesentlich größere Bandbreiten, als typischerweise durch Feldbusse zur Verfügung gestellt werden. Zusammen mit einer effizienten Verwaltung dieser Netzwerkressourcen durch das verwendete Industrial-Ethernet-System soll dies zukünftig die Skalierbarkeit verbessern. So sollen mehr Geräte über ein einziges, einheitliches Netzwerk kommunizieren können und auch komplexere Kommunikationsvorgänge ermöglicht werden, die den Austausch von größeren Datenmengen erfordern.

Industrial-Ethernet-Systeme sind vor allem für die Regelung des Zugriffs auf das Übertragungsmedium verantwortlich, da die Medienzuteilung nach den standardmäßig für Ethernet vorgesehenen Mechanismen keine echtzeitfähige Datenübertragung ermöglicht. Beim historisch vorgesehenen CSMA/CD-Verfahren (Carrier Sense Multiple Access with Collision Detection) können mehrere Netzwerkteilnehmer gleichzeitig auf der gleichen Leitung senden, sodass es zu Kollisionen kommt und keine der Datenübertragungen erfolgreich abgeschlossen werden kann. In diesem Fall ist es vorgesehen, dass die Datenübertragung nach einer zufälligen Wartezeit erneut versucht wird. Dies führt zu einer unzuverlässigen Datenübertragung mit unvorhersehbarer Zustellzeit, sodass die Einhaltung von Zeitschranken nicht garantiert werden kann. Beim Einsatz von Full-Duplex-Ethernet mit Switches werden derartige Verzögerungen durch Kollisionen zwar vermieden, allerdings kann es beim ungeregelten Netzwerkzugriff der Netzwerkteilnehmer zur Überlastung von einzelnen Verbindungen des Netzwerks kommen, wodurch ebenfalls unerwartete Verzögerungen und Paketverluste auftreten können. Senden beispielsweise mehrere Teilnehmer zur gleichen Zeit Daten an das gleiche Ziel, so treffen die Daten in einem Switch vor dem Ziel aufeinander. Dieser speichert die eintreffenden Pakete der verschiedenen Sender zwischen, da nicht alle Pakete gleichzeitig zum Ziel weitergeleitet werden können. Die zwischengespeicherten Pakete werden der Reihe nach weitergeleitet, wodurch später gesendete Pakete unerwünschte Verzögerungen aufweisen. In Extremfällen kann der Zwischenspeicher des Switches vollständig gefüllt sein und weitere eintreffende Pakete werden verworfen. Bestimmte Switches weisen Funktionen zur Priorisierung von ausgewählten Paketen auf, wodurch die Zuverlässigkeit bestimmter Verbindungen im Netzwerk erhöht werden kann. Zur Erfüllung harter Echtzeitanforderungen sind diese Maßnahmen jedoch in der Regel nicht ausreichend.

Eine bessere Regelung des Medienzugriffs zur Vermeidung solcher Probleme kann von den Industrial-Ethernet-Systemen durch Veränderungen auf verschiedenen Schichten des bekannten ISO/OSI-Referenzmodells erfolgen. Eine Möglichkeit ist die Anpassung der Hardware, um die für Ethernet üblichen Medienzugriffsverfahren zu ersetzen. Diese Hardwareanpassung kann in den Endgeräten und/oder den Switches erfolgen. Eine Alternative zu Hardwareanpassungen stellen in Software implementierte Verfahren zur Regelung des Medienzugriffs dar. Diese sind den Schichten oberhalb von Ethernet (Schicht 1 und 2) zuzuordnen. Diese Unterscheidung ist von großer Bedeutung, da hiermit Kosten und Flexibilität der Lösung beeinflusst werden. Sofern die Lösung spezielle Hardware benötigt, kann nicht auf weitverbreitete und somit kostengünstige Standard-Ethernet-Hardware zurückgegriffen werden. Die Flexibilität wird eingeschränkt, da Verbesserung und Weiterentwicklung des Systems, ebenso wie der Wechsel zwischen verschiedenen Systemen, unter Umständen mit einem aufwändigen Hardwaretausch verbunden ist. Softwarelösungen sind daher vorzuziehen, sofern sie die gestellten Anforderungen erfüllen können. Zusätzlich zur Klassifizierung nach der Zykluszeit sollen daher folgende zwei Kategorien zur Einteilung der Industrial-Ethernet-Lösungen verwendet werden:

- Kategorie H: Die echtzeitfähige Kommunikation erfordert spezielle Hardware
- Kategorie S: Echtzeitfähige Kommunikation wird durch spezielle Software ermöglicht, ohne dass besondere Hardware erforderlich ist

Eine weitere Unterscheidung der verschiedenen Industrial-Ethernet-Systeme besteht hinsichtlich der Protokolle, die oberhalb von Ethernet bei der Datenübertragung eingesetzt werden können. Die Prozessdaten können entweder in einem speziellen angepassten Protokoll direkt im Ethernet Frame übertragen werden, oder innerhalb von UDP/IP-Paketen und TCP/IP-Verbindungen. Der Vorteil speziell angepasster Protokolle ist ein verringerter Overhead und eine effiziente Verarbeitung durch die Netzwerkteilnehmer. UDP/IP- und TCP/IP-basierte Datenübertragung kann dagegen verwendet werden um Daten über Subnetze hinweg zu übertragen und die optimale Kompatibilität zu IT-Dienste zu gewährleisten. Diese Möglichkeiten sind bei den speziell angepassten Protokollen in der Regel nicht gegeben. Die Echtzeitfähigkeit der Übertragung wird dabei normalerweise nur innerhalb eines Subnetzes gewährleistet. TCP-Verbindungen weisen allgemein schlechte Eigenschaften hinsichtlich der Echtzeitfähigkeit auf und werden daher typischerweise primär für nicht zeitkritische IT-Dienste eingesetzt, während UDP/IP-Pakete innerhalb eines Subnetzes ebenso wie speziell angepasste Protokolle zur echtzeitfähigen Kommunikation geeignet sind. Im Optimalfall sollte ein Echtzeitkommunikationssystem alle drei der genannten Möglichkeiten unterstützen. Während UDP/IP und TCP/IP die Integration des Systems in eine bestehende IT-Infrastruktur erleichtern, bieten speziell angepasste Protokolle zur Übertragung von Prozessdaten die beste Effizienz bei der Echtzeitdatenübertragung.

Weitere interessante Aspekte der verschiedenen Industrial-Ethernet-Systeme sind der manuelle Konfigurationsaufwand und die Zuverlässigkeit. Im besten Fall besitzt ein Industrial-Ethernet-System umfangreiche Funktionen zur automatischen Konfiguration für verschiedene Netzwerktopologien und Anforderungen. Für eine optimale Zuverlässigkeit sollte das System keine zentrale Steuerungseinheit besitzen, deren Ausfall auch zu einem Ausfall der gesamten Echtzeitkommunikation führt. Derartige Schwachstellen werden als Single Point of Failure (SPoF) bezeichnet. Eine Übersicht über einige bekannte Industrial-Ethernet-Systeme und deren wichtigste Eigenschaften ist in Tabelle 1 gezeigt.

Zwischen der minimal möglichen Übertragungslatenz und der maximalen Geräteanzahl besteht eine gegenseitige Abhängigkeit. Weitere Abhängigkeiten dieser Werte bestehen zur verwendeten Topologie. Außerdem unterscheidet sich die den Netzwerkteilnehmern zur Verfügung stehende Datenrate zwischen den einzelnen Systemen. Angaben zu Topologien und Bandbreiten sind z.B. in [3] zu finden. Das Problem bei der Beurteilung von IE-Systemen ist das Fehlen von standardisierten Testfällen. Daraus resultiert, dass die Leistungsangaben der Systeme (z.B. in Tabelle 1) oftmals nicht direkt vergleichbar sind. Dennoch sollen die präsentierten Angaben an dieser Stelle zur groben Einordnung der Systeme ausreichen, da ein detaillierter Vergleich der Systeme im Rahmen dieser Arbeit weder möglich noch angestrebt war.

Die Übersicht zeigt, dass keins der Systeme alle wünschenswerten Eigenschaften in sich vereinen kann: Alle etablierten IE-Systeme, die die höchsten Echtzeitanforderungen der Klasse 3 erfüllen, benötigen hierfür spezielle Hardware. Einige dieser Systeme (z.B. SERCOS III, Ethernet Powerlink) können auch ohne angepasste Hardware eingesetzt werden, allerdings werden dadurch auch die minimal erreichbaren Zykluszeiten und

IE-System	Übertragungslatenz [ms]	Klasse/ Kategorie	Beinhaltet SPoF?	Skalierbarkeit: Maximale Geräteanzahl	Funktionen zur automatischen Konfiguration?
Modbus-TCP[2)]	1-15	1/S	Nein	Unbegrenzt [4]	Ja
Ethernet Powerlink[1)]	0.4	3/HS	Ja	4	Ja
EtherCAT[1)]	0.15	3/H	Ja	180	Ja
TCnet[1)]	2	2/H	Keine Angabe	24	Nein
TTEthernet	Keine Angabe	2/H	Ja	Keine Angabe	Nein
CC-Link IE Field[2)]	1.6	2/HS	Ja	254 [4]	Nein
Profinet[1)]	1	3/HS	Ja	60	Nein
Ether-Net/IP[1)4)]	0.13	3/H	Nein	90	Nein
SERCOS III[1)]	0.0398	3/HS	Ja	9	Ja
DRTP[3)]	5-10	3/S	Ja	Keine Angabe	Ja
DARIEP[3)]	0.1-0.3	3/H	Ja	Keine Angabe	Nein
HaRTKad[3)]	0.7	2-3/S	Nein	Keine Angabe	Ja

Tabelle 1: Vergleich verschiedener IE-Systeme (vgl. [1] [5]). Angegebene Übertragungslatenzen entsprechen den laut Spezifikation minimal erreichbaren Latenzen. Angaben für die maximale Geräteanzahl gelten für den Fall der angegebenen minimal erreichbaren Latenz. Größere Netzwerke mit höherer Übertragungslatenz können mit den meisten Systemen ebenfalls realisiert werden. [1)]Originalquelle der Angaben für Latenz und Geräteanzahl ist [3] [2)]Originalquelle zur Geräteanzahl ist [4], Qriginalquelle für Latenzen unbekannt [3)]Systeme befinden sich in der Entwicklung [4)]EtherNet/IP steht für EtherNet Industrial Protocol

Übertragungslatenzen verschlechtert. Auch die Kombination aus umfangreichen Funktionen zur automatischen Konfiguration und keinem SPoF kann keines der etablierten Systeme bieten. Unter den in der Entwicklung befindlichen Systemen befindet sich mit HaRTKad nur ein System, dass alle gewünschten Kriterien erfüllt. Bei den in der Entwicklung befindlichen Systemen muss sich allerdings noch zeigen, ob die angestrebten Ziele im praktischen Einsatz auch tatsächlich erfüllt werden können.

Insgesamt lässt sich daher sagen, dass die Entwicklung eines neuen, leistungsfähigen und softwarebasierten Systems der Klassen 2 und 3, ohne SPoF und mit Unterstützung vieler Netzwerkteilnehmer und einer weitgehend automatischen Konfiguration, erstrebenswert ist (vgl. zu diesem Kapitel [1] [4] [5]).

2.1.3 Zeitschlitzverfahren

Ein grundlegendes Prinzip, dass zur Regelung des Medienzugriffs in einem echtzeitfähigen Kommunikationssystem genutzt werden kann, ist die zeitlich abgegrenzte Vergabe der Sendeerlaubnis (Time Division Multiple Access, TDMA). In herkömmlichen Systemen, die nach diesem Prinzip arbeiten (z.B. CC-Link IE Field [6] [7], Ethernet Powerlink [8]) erhält dabei immer nur ein Netzwerkteilnehmer die Sendeerlaubnis, während alle anderen Netzwerkteilnehmer in dieser Zeit nur Daten empfangen. Die Sendeerlaubnis ist stets zeitlich begrenzt und wird den Netzwerkteilnehmern in einer von einem zentralen Managementknoten festgelegten Reihenfolge erteilt. Die Sendeerlaubnis kann z.B. durch ein sogenanntes Token Passing direkt von einem Netzwerkteilnehmer zum nächsten weitergegeben (z.B. bei CC-Link IE Field [6]) oder jedem Netzwerkteilnehmer direkt vom Masterknoten erteilt werden (z.B. bei Ethernet Powerlink [8]). Durch diese sogenannten Zeitschlitzverfahren wird das gleichzeitige Senden durch mehrere Netzwerkteilnehmer unterbunden und es kann weder durch Kollisionen in Netzwerken mit Hubs noch durch lange Paketwarteschlangen in Netzwerken mit Switches zu unerwarteten Verzögerungen bei der Datenübertragung kommen. Auf Grund der typischerweise zyklischen Kommunikationsanforderungen in Automatisierungsumgebungen wiederholt sich die Vergabe der Sendeerlaubnis entsprechend der geforderten Zykluszeit. Das Prinzip ist in Abbildung 1 dargestellt.

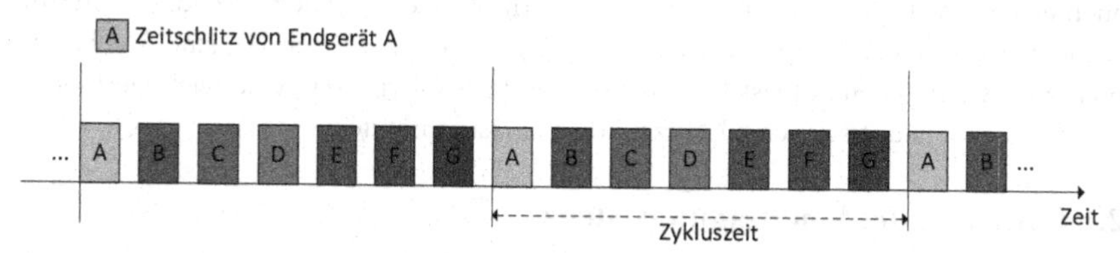

Abbildung 1: Beispiel für ein Zeitschlitzverfahren.

Während seines zugeteilten Zeitschlitzes kann ein Netzwerkteilnehmer Nutzdaten senden. Die Abstände zwischen den Zeitschlitzen müssen zur Weitergabe der Sendeerlaubnis genutzt werden (z.B. Tokenweitergabe oder Erteilung der Sendeerlaubnis durch den Master). Eine weitere Möglichkeit zur Realisierung von Zeitschlitzverfahren besteht darin, die Uhren der Netzwerkteilnehmer exakt zu synchronisieren. Steht allen Netzwerkteilnehmern eine einheitliche Zeitbasis zur Verfügung, so kann für jeden Netzwerkteilnehmer ein fester Zeitraum definiert werden, während dem er die Sendeerlaubnis hat. Jeder Netzwerkteilnehmer kann dann anhand der aktuellen Zeit feststellen, ob er im Moment die Sendeerlaubnis besitzt. Eine explizite Signalisierung der Sendeerlaubnis ist dann nicht mehr notwendig. Doch auch in diesem Fall sind geringe Abstände zwischen den Zeitschlitzen im Allgemeinen notwendig. Hat ein Netzwerkteilnehmer seinen Sendevorgang abgeschlossen, so benötigen die gesendeten Daten noch Zeit, um beim Empfänger einzutreffen, bevor das nächste Gerät die Sendeerlaubnis erhalten darf und ebenfalls mit der Datenübertragung beginnt. Andernfalls kann es dazu kommen, dass die in unterschiedlichen Zeitschlitzen gesendeten Daten durch sich überschneidende, unterschiedliche lange Routen auf dem Weg zu ihrem Ziel aufeinander treffen und es daher zu unerwarteten Verzögerungen in Switches oder Kollisionen im Falle von Netzwerken mit Hubs kommt. Eine kontinuierliche Verwendung des Netzwerks zur Übertragung von Nutzdaten ist mit derartigen Zeitschlitzverfahren also nicht möglich. Die einzuhaltenden Abstände hängen von der Netzwerktopologie und der verwendeten Ethernet-Hardware ab, da hierdurch vorgegeben wird, wie lange es dauert bis z.B. eine Datenübertragung abgeschlossen oder die explizite Weitergabe der Sendeerlaubnis erfolgt ist.

Da die Netzwerkteilnehmer sich in einer Automatisierungsumgebung nicht häufig ändern, kann die Vergabe der Sendeerlaubnis vor Inbetriebnahme des Kommunikationssystems statisch festgelegt werden. Um Unterbrechungen des Produktionsbetriebes einer Anlage zu vermeiden, ist es für ein Echtzeitkommunikationssystem dennoch wünschenswert, dass es dynamisch auf Veränderungen einzelner Netzwerkteilnehmer reagieren kann, ohne dass andere Netzwerkteilnehmer in ihrer Echtzeitkommunikation beeinflusst werden oder ein Stillstand der Anlage erforderlich ist. Aus diesem Grund bieten viele der etablierten IE-Systeme Mechanismen, um Hot-Plug von Geräten oder auch eine schnelle Anpassung an Ausfälle zu ermöglichen. Mit dem Trend, die Anzahl vernetzter Geräte auch in industriellen Anwendungen zu erhöhen [1], sind Mechanismen zur dynamischen Anpassung, ebenso wie die Skalierbarkeit, eine wichtige Eigenschaft für ein zukunftssicheres Echtzeitkommunikationssystem.

2.1.4 Analyse der Übertragungslatenz

Bei der Entwicklung von Echtzeitkommunikationssystemen muss die Übertragungslatenz genau untersucht werden, um Aussagen über die Einhaltung von Echtzeitanforderungen treffen zu können. Bei der Verwendung von Ethernet und einem in der Regel durch das Betriebssystem zur Verfügung gestellten Netzwerkstack (zur Implementierung verschiedener Protokollschichten von MAC bis Transportschicht) kann die Latenz der Übertragung in fünf Bestandteile unterteilt werden. Startet eine Anwendung das Senden von Daten über das Netzwerk durch den Aufruf einer entsprechenden Sendefunktion des Netzwerkstacks, so vergeht bis zum Beginn des Sendevorgangs auf dem physikalischen Medium noch einige Zeit. In dieser Zeit müssen Funktionen des Netzwerkstacks durchlaufen und die jeweiligen Daten in den Sendepuffer des Netzwerkcontrollers kopiert werden. Da ein Großteil der Verzögerung auf die Softwareverarbeitung im Netzwerkstack zurückzuführen ist, wird diese Verzögerung im Rahmen dieser Arbeit als $t_{Software_S}$ bezeichnet. Die Dauer des darauf folgenden Sendevorgangs, der durch die Netzwerkhardware ausgeführt wird, ist durch die Bandbreite der Verbindung und die Größe des zu sendenden Ethernet Frames bestimmt und wird als *transmission delay* bzw. $t_{Transmission}$ bezeichnet. Bis zur Ankunft beim Empfänger müssen unter Umständen mehrere Kabel durchlaufen werden, deren hinzugefügte Übertragungsverzögerungen (*propagation delay*) von den jeweiligen Kabellängen und dem verwendeten Medium abhängen. Die Verzögerung durch das i-te durchlaufene Kabel wird hier mit $t_{Propagation_i}$ bezeichnet. Auf dem Weg durchlaufene Switches fügen jeweils eine Verzögerung von t_{Switch_i} hinzu. Nachdem das Empfängergerät das Paket erhalten hat, muss noch ein Kopiervorgang aus dem Empfangspuffer erfolgen und wiederum Funktionen des Netzwerkstacks durchlaufen werden, bevor eine auf die Daten wartende Anwendung das Paket erhält. Diese abschließende Verzögerung wird als $t_{Software_E}$ bezeichnet. Die Bedeutung der fünf Parameter wird in Abbildung 2 veranschaulicht.

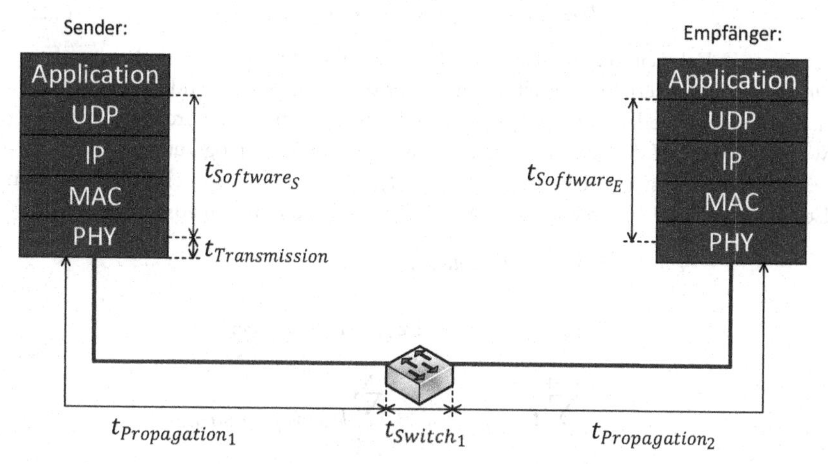

Abbildung 2: Darstellung der beschriebenen Verzögerungsparameter bei der Übertragung von Daten über das Netzwerk.

Die fünf genannten Einflüsse werden hier als $t_{Delivery}$ zusammengefasst:

$$t_{Delivery} = t_{Software_S} + t_{Transmission} + \sum_{i=1}^{N+1} t_{Propagation_i} + \sum_{i=1}^{N} t_{Switch_i} + t_{Software_E} \tag{2.1}$$

$t_{Transmission}$ beschreibt die Zeit, die vom Beginn des Sendevorgangs des ersten Bytes des zu sendenden Frames bis zum Ende des Sendevorgangs des letzten Bytes des Frames vergeht. Nach dem Ablauf der Zeit

$$t_{Software_S} + t_{Transmission} + \sum_{i=1}^{N+1} t_{Propagation_i} + \sum_{i=1}^{N} t_{Switch_i}$$

seit dem Aufruf der Sendefunktion durch die Anwendung ist somit auch bereits das letzte Byte eines Frames beim Empfängergerät angekommen und die Verarbeitung des Frames durch den Netzwerkstack kann beginnen. $t_{Transmission}$ darf daher auf der Seite des Empfängers nicht noch einmal hinzugezählt werden.

Die Softwareverzögerungen im Sender und Empfänger werden an einigen Stellen dieser Arbeit zusammengefasst:

$$t_{Software} = t_{Software_S} + t_{Software_E} \quad (2.2)$$

Kommt ein Echtzeitkommunikationssystem zum Einsatz, dass den Medienzugriff mit einem Zeitschlitzverfahren regelt, so muss vor dem Beginn des Sendevorgangs außerdem auf die Sendeerlaubnis gewartet werden. Da hierbei oftmals mehrere Pakete in einer Warteschlange auf die Sendeerlaubnis warten, wird diese Verzögerung als t_{Queue} bezeichnet. Die vollstände Übertragungslatenz $t_{Latency}$ eines entsprechend arbeitenden Echtzeitkommunikationssystems setzt sich daher folgendermaßen zusammen:

$$\begin{aligned} t_{Latency} &= t_{Queue} + t_{Delivery} \\ &= t_{Queue} + t_{Software_S} + t_{Transmission} + \\ &\quad \sum_{i=1}^{N+1} t_{Propagation_i} + \sum_{i=1}^{N} t_{Switch_i} + t_{Software_E} \end{aligned} \quad (2.3)$$

Ist auf Grund der Datenmenge die Übertragung mehrerer Ethernet Frames notwendig und die Latenz bis zur Ankunft aller Daten ist relevant, so muss in der obigen Betrachtung nur $t_{Transmission}$ entsprechend angepasst werden. Im Falle ausreichend schneller Endgeräte stehen die zu sendenden Frames dem Ethernetcontroller direkt nacheinander zur Verfügung und $t_{Transmission}$ wird weiterhin vollständig durch die Verbindungsgeschwindigkeit und die zu sendende Datenmenge bestimmt. Der Abstand zwischen den Frames entspricht der minimalen Interframe-Gap des jeweiligen Verbindungstyps. Für langsamere Endgeräte kann $t_{Transmission}$ größer werden, als auf Grund von Datenmenge und Verbindungsgeschwindigkeit eigentlich zu erwarten ist. In diesem Fall kann der Ethernetcontroller nicht schnell genug mit den zu sendenden Daten versorgt werden, was sich in größeren Lücken zwischen den Frames anstelle der minimalen Interframe-Gaps äußert.

Für die in Tabelle 1 gezeigten Übertragungslatenzen mit der Originalquelle [3] soll es sich laut [3] um Latenzen handeln die auf Anwendungsebene gemessen wurden und daher mit dem hier erläuterten $t_{Latency}$ vergleichbar sind. Allerdings wird in [3] auch darauf hingewiesen, dass die Angaben ursprünglich vom jeweiligen Hersteller des Systems stammen und die Angaben nicht durch unabhängige Messung verifiziert wurden. Eine sich unterscheidende Interpretation von einer Messung „auf Anwendungsebene" ist daher möglich und die Vergleichbarkeit der Angaben kann nicht garantiert werden. Für die anderen Latenzangaben aus Tabelle 1 gilt die gleiche Einschränkung.

Soll eine bestimmte Menge von Daten in einem Zeitschlitz übertragen werden, so muss die Länge des Zeitschlitzes (Dauer der Sendeerlaubnis) hierfür entsprechend $t_{Transmission}$ gewählt werden, dass das sendende Geräte für diese Datenmenge benötigt, da $t_{Transmission}$ der tatsächlichen Sendedauer für diese Daten entspricht. Die Länge von vergebenen Zeitschlitzen wird im Rahmen dieser Arbeit mit $t_{SlotLength}$ bezeichnet. Wird zwischen zwei Zeitschlitzen eine zu sendende Datenmenge erzeugt, die maximal so groß ist, dass sie noch im nächsten Zeitschlitz vollständig gesendet werden kann, so lässt sich auch die maximal auftretende Übertragungslatenz für die Übertragung der gesamten Datenmenge leicht angeben. Hierfür muss in Formel (2.1) bzw. (2.3) $t_{Transmission}$ durch $t_{SlotLength}$ ersetzt werden:

$$t_{Delivery} = t_{Software_S} + t_{SlotLength} + \sum_{i=1}^{N+1} t_{Propagation_i} + \sum_{i=1}^{N} t_{Switch_i} + t_{Software_E} \quad (2.4)$$

$$\begin{aligned} t_{Latency} &= t_{Queue} + t_{Delivery} \\ &= t_{Queue} + t_{Software_S} + t_{SlotLength} + \sum_{i=1}^{N+1} t_{Propagation_i} + \sum_{i=1}^{N} t_{Switch_i} + t_{Software_E} \end{aligned} \quad (2.5)$$

Nach dem Ablauf von $t_{Latency}$ hat dann die gesamte erzeugte Datenmenge die Anwendungsebene des Empfängers erreicht.

Zu $t_{Software_S}$ ist außerdem anzumerken, dass diese Verzögerung ein Problem für die Einhaltung von Zeitschlitzen darstellen kann. Das Warten auf einen zugeteilten Zeitschlitz sei im Endgerät beispielsweise auf Anwendungsebene implementiert. Wurde der zugeteilte Zeitschlitz erreicht, so endet der Wartevorgang und die Sendefunktion des Netzwerkstacks wird mit einem wartenden Paket aufgerufen. Bis der Netzwerkstack durchlaufen wurde und der Sendevorgang durch den Netzwerkadapter erfolgt, ist ein Teil des vorgesehenen Zeitschlitzes bereits vergangen. Erfolgt dann ein Senden entsprechend der zugeteilten Zeitschlitzlänge, wird am Ende noch über den zugeteilten Zeitschlitz hinaus gesendet. Der Sendevorgang ist also auf Grund von $t_{Software_S}$ gegenüber dem vorgesehenen Zeitschlitz verschoben. Ist $t_{Software_S}$ jedoch konstant und vorab bekannt, so kann dieser Fehler korrigiert werden, indem der Aufruf der Sendefunktion auf Anwendungsebene entsprechend früher erfolgt. Zur Vereinfachung wird in den folgenden Analysen (Kapitel 3) davon ausgegangen, dass dies zutrifft. In der Praxis ist $t_{Software_S}$ im Allgemeinen nicht konstant. Die dann notwendigen Maßnahmen werden in Kapitel 5 erläutert.

Switchverzögerungen hängen normalerweise von der Auslastung der verwendeten Verbindung ab, da bei der Nutzung von stark ausgelasteten Verbindungen Wartezeiten für die Pakete im Switchpuffer entstehen. Bei der Nutzung eines Zeitschlitzverfahrens werden derartige Wartezeiten vermieden, da durch die Regelung des Netzwerkzugriffs niemals mehrere für das gleiche Ziel bestimmte Pakete gleichzeitig in einem Switch eintreffen und sich daher keine größeren Datenmengen im Switchpuffer ansammeln können. Die Switchverzögerung t_{Switch_i} hängt dann nur noch von der Switch-Implementierung und der Paketgröße ab. Falls nicht explizit anders genannt, ist im Verlauf dieser Arbeit immer die Switchverzögerung in diesem speziellen Fall des geregelten Netzwerkzugriffs gemeint.

2.1.5 Anforderungsparameter

Zur Angabe der Anforderungen einer Anwendung bzw. eines Gerätes an ein Netzwerk mit einem Zeitschlitzverfahren können folgende Parameter verwendet werden:

- $t_{SendCycle}$ beschreibt die Dauer eines Sendezyklus der Anwendung. In einer Automatisierungsumgebung kann dies beispielsweise das Intervall zwischen dem wiederholten Senden von Sensordaten sein.
- $t_{RequiredSlotLength}$ gibt an, wie lang ein der Anwendung zugeteilter Zeitschlitz sein muss, damit darin alle innerhalb von einem Sendezyklus erzeugten Daten gesendet werden können.
- $t_{MaxLatency}$ beschreibt die maximal zulässige Latenz der Datenübertragung. Der Parameter bezieht sich auf den Zeitraum vom Zeitpunkt des Sendewunsches einer Anwendung bis zum Zeitpunkt des Eintreffens aller Daten auf der Anwendungsebene des Empfängers (vgl. Formel (2.5)).

Diese Angaben können bei der Planung der Kommunikation verwendet werden, um zu entscheiden, in welchen Abständen eine bestimmte Anwendung einen Zeitschlitz erhält und wie lang dieser sein muss. Der Abstand zwischen zwei Zeitschlitzen einer Anwendung (vgl. Abbildung 1) wird im Rahmen dieser Arbeit als Zykluszeit bzw. $t_{CycleTime}$ bezeichnet. Im einfachsten Fall wird $t_{CycleTime}$ entsprechend dem Sendezyklus $t_{SendCycle}$ der Anwendung gewählt und die Länge $t_{SlotLength}$ des vergebenen Zeitschlitzes entsprechend dem Anforderungsparameter $t_{RequiredSlotLength}$ festgelegt. Auf diese Weise wird der Anwendung genau die gewünschte Datenrate zur Verfügung gestellt. Diese einfache Zeitschlitzkonfiguration ist nicht immer möglich. Diese Problematik wird ebenso wie die Bedeutung von $t_{MaxLatency}$ in Kapitel 3.3.4 erläutert.

2.2 Software Defined Networking (SDN)

Heutige Netzwerke (hiermit sind nicht nur IE-Systeme gemeint) bestehen aus verschiedenen Netzwerkelementen. Zu den eingesetzten Bestandteilen zählen beispielsweise einfache Switches, Router, Firewalls und Load Balancer. Diese Bestandteile realisieren jeweils unterschiedliche Funktionen im Netzwerk. Jedes dieser Netzwerkelemente besitzt zur Realisierung dieser Funktionen eine eigene Kontrolllogik, die eintreffende Pakete analysiert und Entscheidungen über deren Verarbeitung trifft. Die Kontrolllogik ist direkt in das jeweilige Netzwerkelement integriert und daher mit der Hardware verbunden, die die vorgesehenen Verarbeitungsschritte anschließend ausführt. Typische Verarbeitungsschritte umfassen die gezielte Paketweiterleitung mit oder ohne Veränderung bestimmter Headerfelder und das Verwerfen von Paketen. Die Gesamtheit der im Netzwerk vorhandenen Kontrolllogiken wird auch als Control Plane bezeichnet, die Gesamtheit der ausführenden Hardware als Forwarding Plane oder Data Plane. Heutige Netzwerke besitzen durch die direkte Verbindung von Kontrolllogik und verarbeitender Hardware eine verteilte Control Plane. Während dies hinsichtlich der Ausfallsicherheit von Netzwerken vorteilhaft ist, haben sich in den vergangenen Jahren auch einige daraus resultierende Probleme gezeigt (vgl. zu diesem Abschnitt [9] [10]).

Für Veränderungen der Netzwerkkonfiguration steht kein zentraler Controller zur Verfügung, sondern es müssen viele einzelne Geräte individuell neu konfiguriert werden. Um diesen Vorgang zu erleichtern werden von den großen Netzwerkausrüstern Managementtools angeboten, die zentrale Konfigurationsmöglichkeiten bieten. Auf Grund unterschiedlicher Protokolle und Schnittstellen bieten derartige Tools jedoch keine umfassende Kompatibilität zur Hardware verschiedener Hersteller. Die hiermit insgesamt geringe Flexibilität von Netzwerken hat zu einer Verlangsamung der Weiterentwicklung von Netzwerktechnologien geführt, da neue Technologien nur unter großem Aufwand in bestehende Netzwerke übernommen werden können (vgl. zu diesem Abschnitt [9] [10]).

Das Software Defined Networking soll diese bestehenden Probleme überwinden und weitere neue Möglichkeiten bieten, indem grundlegende Maßnahmen zur Umstrukturierung von Netzwerken ergriffen werden: Die Control Plane wird von den einzelnen Netzwerkelementen getrennt und in einem zentralen Controller zusammengeführt. Dieser wird in Software implementiert, um eine optimale Anpassbarkeit an die jeweiligen Bedürfnisse zu gewährleisten (vgl. zu diesem Abschnitt [9] [10] [11]).

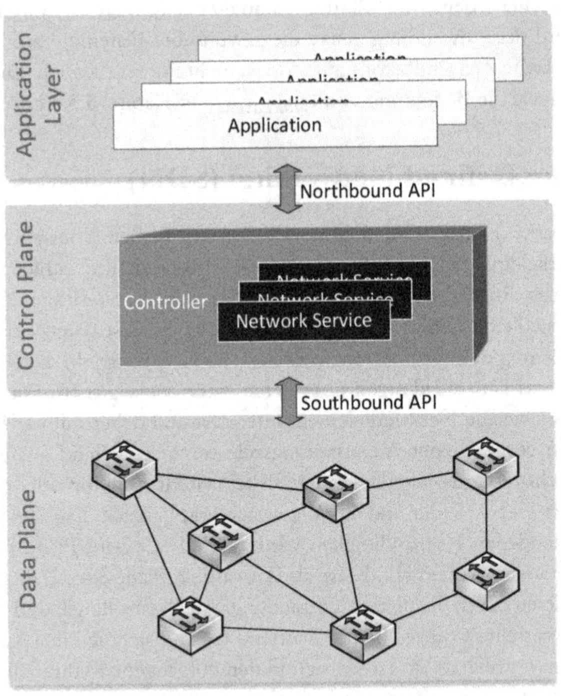

Abbildung 3: Konzept des Software Defined Networking [11] [9].

Der Controller kommuniziert mit den Elementen der Data Plane über eine standardisierte Schnittstelle, die auch als Southbound API (Application Programming Interface) bezeichnet wird. Da die Elemente der Data Plane hier im Allgemeinen keine eigene Kontrolllogik besitzen, treffen sie keine Entscheidungen über die Verarbeitung von Paketen. Stattdessen nutzen sie die Southbound API, um die korrekte Verarbeitung von bei ihnen eingetroffenen Paketen beim Controller zu erfragen. Um das auf diesem Weg entstehende Datenaufkommen zwischen Controller und Elementen der Data Plane zu reduzieren, kann der Controller Regeln in den einzelnen Data-Plane-Elementen installieren, die die Verarbeitung für bestimmte Pakete festlegen. Die Elemente der Data Plane müssen dann nur noch Anfragen beim Controller stellen, wenn Pakete eintreffen, für die keine passende Regel existiert. Die Southbound API ist für den Betrieb eines SDN zwingend notwendig (vgl. zu diesem Abschnitt [11] [12] [9]).

Optional ist die Verwendung einer sogenannten Northbound API möglich, um eine Kommunikation zwischen dem Controller und den Anwendungen, die das Netzwerk nutzen, zu realisieren. Über diese Schnittstelle können Anwendungen beispielsweise Anforderungen an das Netzwerk gegenüber dem Controller äußern. Eine mögliche Verwendung dieser Schnittstelle ist die Implementierung von Quality-of-Service-Funktionen. Welche Informationen über die Northbound API ausgetauscht werden und welche Funktionen mit ihrer Hilfe realisiert werden ist stark anwendungsabhängig. Aus diesem Grund gibt es hier im Gegensatz zur Southbound API noch keinen etablierten Standard. Da die Nutzung einer Northbound API jedoch große Vorteile bieten kann, ist sie ein aktuelles Forschungsthema (vgl. zu diesem Abschnitt [13] [9]). Zur Realisierung einer Northbound API kann entweder ein eigenes Protokoll entwickelt werden, oder es wird ein bereits existierendes Datenaustauschformat wie die Java Script Object Notation (JSON) verwendet.

Abbildung 3 zeigt die vorgesehene Netzwerkstruktur beim SDN. Durch die Nutzung von SDN ergeben sich einige Vorteile gegenüber herkömmlichen Netzwerken (vgl. [10] [11] [9]):

- **Vereinfachte Hardware** der Data Plane. Die Elemente der Data Plane müssen nur noch eine durch Standards festgelegte Menge an Funktionen bieten und über eine ebenfalls standardisierte Southbound API kommunizieren können. Komplexere Kontrolllogiken entfallen und die Geräte sollen dementsprechend kostengünstiger werden.
- **Kompatibilität**. Die Verwendung herstellerspezifischer Managementinterfaces entfällt für die meisten netzwerkspezifischen Aufgaben, da diese über die standardisierte Southbound API und einen passenden SDN-Controller realisiert werden.
- **Flexibilität**. Das dynamische Regelsystem ermöglicht eine Veränderung der Netzwerkfunktionalität einzelner Elemente der Data Plane, die bei Elementen herkömmlicher Netzwerke in der Regel nicht in vergleichbarem Umfang möglich ist.
- **Zentrales Management**. Der SDN-Controller bietet einen zentralen und einheitlichen Zugriff auf die Konfiguration des gesamten Netzwerks.
- **Programmierbarkeit**. Die Implementierung des Controllers in Software ermöglicht die Implementierung eines komplexen Netzwerkverhaltens und eine hohe Anpassungsfähigkeit. Neue Netzwerkkonzepte können auf einfache Weise sowohl in realen als auch in simulierten Umgebungen getestet werden und bestehende Netzwerke im Produktiveinsatz lassen sich auf einfache Weise und mit relativ geringen Kosten aktualisieren.

2.2.1 OpenFlow

OpenFlow ist eine bekannte und weit verbreitete Southbound API. Das Ziel bei der Entwicklung von OpenFlow war die Etablierung programmierbarer Netzwerke mit umfangreichen Testmöglichkeiten für neue Netzwerkkonzepte. Um Wissenschaftlern die Möglichkeit zu bieten, neue Netzwerkkonzepte in großen, realen Netzwerken zu testen, sollte OpenFlow in bestehende produktiv eingesetzte Netzwerke integrierbar sein. Um Tests in produktiv eingesetzten Netzwerken zu erlauben, musste eine zuverlässige Trennung des Traffics von Experimenten und des „normalen" Traffics ermöglicht werden. Der normale Traffic kann dann nach herkömmlichen Mechanismen weitergeleitet werden, während gleichzeitig mit experimentellem Traffic neue Netzwerkkonzepte getestet werden. Der Einsatz von OpenFlow in kleineren Testaufbauten im Labor ist ebenfalls möglich. Ein weiteres wichtiges Ziel von OpenFlow ist die Kompatibilität zu existierender Hardware, um von den Herstellern von Netzwerkhardware unterstützt zu werden und eine schnelle Verbreitung zu ermöglichen. Aus diesem Grund wurde bei der Entwicklung von OpenFlow darauf geachtet, dass der größte Teil der an die Data-Plane-Elemente gestellten Anforderungen durch existierende Switches und Router bereits erfüllt wird, sodass die Unterstützung von OpenFlow durch ein einfaches Update der Firmware/Software implementiert werden kann [10]. Für OpenFlow ist der Einsatz in Unternehmen ebenso bedeutend wie der Einsatz in der Wissenschaft. Unternehmen können beim Einsatz von OpenFlow für das normale Trafficmanagement stark durch die vereinfachte Verwaltung und beschleunigte Weiterentwicklung ihrer Netzwerke profitieren. Die praktische Anwendbarkeit von OpenFlow wird beispielsweise durch den Einsatz in Googles Backbone bestätigt [14] (vgl. zu diesem Abschnitt [9]).

Durch die hervorragenden Eigenschaften hinsichtlich Kompatibilität und Testmöglichkeiten sowie die durch das SDN-Konzept gebotenen Vorteile ist OpenFlow in den vergangenen Jahren auf großes Interesse in Wissenschaft und Wirtschaft gestoßen und hat maßgeblich zu Akzeptanz und Verbreitung von SDN beigetragen. OpenFlow wurde 2008 ursprünglich von Nick McKeown et al. an der Universität von Stanford entwickelt und in [15] vorgestellt. Mittlerweile wird OpenFlow von der Open Networking Foundation unterstützt und weiterentwickelt. Die OpenFlow-Switch-Spezifikation legt die von einem OpenFlow-Switch geforderten Fähigkeiten sowie das Protokoll zur Kommunikation zwischen OpenFlow-Switches und -Controller fest. Die im Rahmen dieser Arbeit vorgestellten Informationen zu OpenFlow basieren neben [15] auf der Spezifikation der Version 1.0.0 [16], da das später verwendete Controller-Framework derzeit nur diese Version vollständig unterstützt (vgl. zu diesem Abschnitt [9]).

2.2.1.1 Switch

Dem Konzept von SDN folgend erfolgt die Verarbeitung von eingetroffenen Paketen in einem OpenFlow-Switch entsprechend der Vorgaben des OpenFlow-Controllers. Damit nicht für jedes eingetroffene Paket eine Kommunikation zwischen Switch und

Controller erforderlich ist, wird die Verarbeitung von Paketen in den meisten Fällen durch Regeln festgelegt, die der Controller im Switch installiert.

Das Regelsystem von OpenFlow arbeitet mit sogenannten Flows und Aktionen. „Flow" ist die Bezeichnung für eine bestimmte Kommunikationsverbindung im Netzwerk. Jede Regel besteht aus einer Flow-Definition und keiner bis mehreren zugeordneten Aktionen. Die Flow-Definition legt fest, für welche Pakete die Regel angewendet werden darf. Tabelle 2 zeigt die Headerfelder, die von einem OpenFlow-Switch bei der Flow-Definition laut [16] mindestens unterstützt werden müssen. Neben den Headerfeldern bekannter Internetprotokolle zählt auch der Port, auf dem ein Paket am Switch eingetroffen ist, zur Flow-Definition (In Port).

In Port	MAC SRC	MAC DST	Ether-type	VLAN ID	VLAN Prio.	IP SRC	IP DST	IP Proto.	IP ToS/ DSCP	TCP/ UDP SRC	TCP/ UDP DST

Tabelle 2: Paketheader zur Definition von Flows [16].

Bei der Definition von Flows müssen nicht alle Headerfelder angegeben werden. Trifft ein Paket beim Switch ein, so wird sein Header mit den Flow-Definitionen der vorhandenen Regeln verglichen. Alle in der Flow-Definition angegebenen Felder müssen mit dem Header des Paketes übereinstimmen, damit die Regel angewendet werden darf. In der Flow-Definition nicht angegebene Felder können im Paketheader beliebig sein (Wildcard). Für IP-Adressen kann ein Switch außerdem Subnetzmasken in der Flow-Definition unterstützen, um Regeln für Pakete bestimmter Subnetze zu ermöglichen [16]. Zusätzlich zu den in Tabelle 2 gezeigten Headerfeldern muss ein Switch einige Headerfelder des Address Resolution Protocol (ARP) und des Internet Control Message Protocol (ICMP) unterstützen (weitere Details in [16]). Theoretisch kann das Konzept auch auf weitere Protokolle ausgeweitet werden, allerdings ist dies nicht Bestandteil der Spezifikation der Version 1.0.0.

In Port	**MAC SRC**	**MAC DST**	**Ether-type**	**IP SRC**	**IP DST**	**IP Proto.**	**IP ToS/ DSCP**	**TCP/ UDP SRC**	**TCP/ UDP DST**	**Aktionen**
*	*	*	IPv4	10.0.1.2	10.0.1.3	*	*	*	*	Out#2
*	*	*	IPv4	10.0.1.3	10.0.1.5	TCP	*	7777	6100	Out#3
*	*	*	IPv4	*	10.0.1.6	UDP	*	*	4800	-

Tabelle 3: Beispiele für Flows und zugeordnete Aktionen. * bedeutet, dass der jeweilige Headereintrag im eingetroffenen Paket beliebig sein darf (Wildcard). Nicht gezeigte Headerfelder sollen ebenfalls Wildcards beinhalten.

Die flow-basierte Verarbeitung erlaubt eine fein strukturierte Klassifizierung von Paketen und ermöglicht daher ein sehr flexibles Traffic-Management. Tabelle 3 zeigt einige Beispiele für Flow-Definitionen und die zugeordneten Aktionen.

Eine einfache Aktion ist beispielsweise die Weiterleitung des Paketes über einen bestimmten Port (im Beispiel mit Out#2 und Out#3 für die Weiterleitung über Port 2 bzw. 3 bezeichnet). Wird für eine Flow-Definition keine Aktion festgelegt, werden entsprechende Pakete verworfen. Die Unterstützung der Weiterleitung über physikalische Ports ist für eine OpenFlow-Switch-Implementierung zwingend notwendig. Optional kann eine Switch-Implementierung auch Aktionen zur Veränderung einzelner Headerfelder (z.B. für Network Address Translation) unterstützen, was die Einsatzmöglichkeiten des Switches deutlich vergrößert. Da OpenFlow-Switches häufig als Erweiterung existierender Switches und Router implementiert werden, ist auch eine optionale Aktion zur Weiterleitung von Paketen an die eigene, herkömmliche Kontrolllogik in der OpenFlow-Switch-Spezifikation enthalten.

Die Regeln werden im Switch in der sogenannten Flow-Tabelle gespeichert, die für jeden Eintrag neben der Flow-Definition und den zugeordneten Aktionen auch eine Statistik über die Nutzung des Flows enthält. Die Einträge der Flow-Tabelle besitzen außerdem Prioritäten, die die Verarbeitung bestimmen, falls ein Paketheader mit mehreren Flow-Definitionen übereinstimmt. Bei mehreren passenden Regeln gleicher Priorität kann ein Switch eine beliebige Regel zur Ausführung auswählen. Regeln, die alle Headerfelder definieren (keine Wildcards) erhalten automatisch die höchste Priorität [16].

Wird für ein Paket keine passende Regel gefunden, so wird eine spezielle Nachricht an den Controller gesendet, um die Verarbeitung zu erfragen. Die Nachricht enthält den Anfangsteil des Paketes, da dieser den Paketheader enthält, anhand dem der Controller eine passende Entscheidung für die Verarbeitung treffen kann. Wie viele Bytes des Paketes an den Controller gesendet werden kann der Controller durch eine Konfigurationsvariable in jedem Switch festlegen. Der Controller beantwortet die Anfrage in der Regel entweder mit einem Kommando zur korrekten Verarbeitung des Paketes, ohne eine neue Regel zu installieren, oder mit der Installation einer neuen passenden Regel, die auf das jeweilige Paket auch gleich angewendet wird. Neben dieser reaktiven Installation von Regeln kann ein Controller auch eine proaktive Installation vornehmen.

Das Senden einer Nachricht an den Controller mit einem Teil eines eingetroffenen Paketes kann außerdem als explizite Aktion, die einer Regel zugeordnet ist, erfolgen. Auch diese Aktion muss in einem OpenFlow-Switch laut Spezifikation zwingend implementiert sein. Sie ist nicht gleichbedeutend mit einer normalen Weiterleitungsaktion, da bei der Weiterleitung an den Controller eine spezielle Nachricht des OpenFlow-Protokolls erzeugt wird, die meist nur einen Teil des ursprünglichen Paketes enthält (vgl. zu diesem Kapitel [9] [15] [16]).

2.2.1.2 Protokoll

Das OpenFlow-Protokoll ist die standardisierte Schnittstelle zwischen einem OpenFlow-Controller (Control Plane) und den OpenFlow-Switches (Data Plane). Die Kommunikation erfolgt über eine TCP-Verbindung, die mittels TLS verschlüsselt und authentifiziert werden sollte. Die Verschlüsselung steht aktuell jedoch nicht in allen Controller- und Switch-Implementierungen zur Verfügung. Initiiert wird die Verbindung durch den Switch, der hierfür einen benutzerdefinierten physikalischen oder logischen Port des Switches nutzt. Bei dem verwendeten Switchport kann es sich entweder um einen Port handeln, der nur für die Verbindung zur Control Plane genutzt wird (Out-of-Band Control), oder um einen Port, der gleichzeitig auch für den normalen Traffic der Data Plane in Verwendung ist (In-Band Control). Die IP-Adresse des Controllers muss laut Switch-Spezifikation der Version 1.0.0 ebenfalls manuell im Switch konfiguriert werden. Allerdings sind Mechanismen zur automatischen Controllererkennung (IP und Port) geplant [16]. Der Controller wartet auf dem Port 6633 auf eingehende TCP-Verbindungen. Die ausgetauschten Nachrichten werden in drei Kategorien eingeordnet [16]:

- **Symmetrische Nachrichten,** die von beiden Seiten auf die gleiche Weise genutzt werden, wie z.B. Echo-Nachrichten zur Aufrechterhaltung der Verbindung.
- **Controller-to-Switch-Nachrichten,** die vom Controller zum Abfragen von Statusinformationen, zum Setzen von Konfigurationsparametern und zur Installation von Regeln genutzt werden. Sie erfordern in einigen Fällen eine Antwort durch den Switch.
- **Asynchrone Nachrichten,** die vom Switch ohne Anfrage des Controllers generiert werden. Sie werden in der Regel durch aufgetretene Ereignisse ausgelöst. Ein typisches Beispiel ist die Packet-In-Nachricht eines Switches nach Eintreffen eines Paketes ohne passende Regel.

Die im Rahmen dieser Arbeit wichtigsten Nachrichten werden im Folgenden erläutert.

Packet-In-Nachrichten sind asynchrone Nachrichten, die vom Switch an den Controller gesendet werden, wenn für ein eingetroffenes Paket entweder keine Regel oder eine Regel mit einer expliziten Weiterleitungsaktion an den Controller existiert. In der Packet-In-Nachricht kann entweder das vollständige Paket enthalten sein, oder nur ein Teil (abhängig von Switch-Konfiguration und -Fähigkeiten). Wird nur ein Teil des Paketes an den Controller gesendet, so wird das vollständige Paket normalerweise im Switch zwischengespeichert und eine entsprechende Buffer-ID in der Packet-In-Nachricht mit an den Controller gesendet. In der Packet-In-Nachricht ist außerdem die eindeutige ID des Switches sowie die Portnummer des Ports, an dem das zugehörige Paket angekommen ist, enthalten. Auf diese Nachricht kann eine Antwort vom Controller folgen, die die Verarbeitung des Paketes festlegt.

Send-Packet-Nachrichten sind Controller-to-Switch-Nachrichten und werden vom Controller dazu verwendet, Pakete aus einem Switch heraus zu senden. Sie enthalten standardmäßig das zu sendende Paket sowie die mit diesem Paket auszuführenden Aktionen. Die möglichen Aktionen sind die gleichen, die auch bei der Erstellung von Regeln verwendet werden können (z.B. Modifikation von Headerfeldern, Weiterleitung über einen bestimmten Port). Dieser Nachrichtentyp kann entweder dazu verwendet werden, vom Controller generierte Pakete zu versenden, oder als Antwort auf Packet-In-Nachrichten folgen, um die Verarbeitung eines einzelnen Paketes zu steuern. Wird die Send-Packet-Nachricht als Antwort auf eine Packet-In-Nachricht versendet, die eine Buffer-ID eines im Switch zwischengespeicherten Paketes enthielt, so kann die Buffer-ID in der Send-Packet-Nachricht verwendet werden, um das zu verarbeitende Paket zu referenzieren. Das zu verarbeitende Paket ist dann nicht in der Send-Packet-Nachricht enthalten.

Die **Modify-Flow-Entry**-Nachricht kann zur Veränderung von Einträgen in der Flow-Tabelle genutzt werden. Hiermit können Regeln hinzugefügt, verändert und gelöscht werden. Es handelt sich um eine Controller-to-Switch-Nachricht, die proaktiv oder als Reaktion auf eine Packet-In-Nachricht versendet wird. Sie enthält ein Kommando (Eintrag hinzufügen, ändern oder löschen), die Flow-Definition und außer im Falle des Löschens von Einträgen auch die für den Flow auszuführenden Aktionen. Beim Versand als Reaktion auf eine Packet-In-Nachricht mit Buffer-ID kann diese Buffer-ID wiederverwendet werden, damit die neue Regel auch auf das entsprechende zwischengespeicherte Paket angewendet wird.

Feature-Request- und **Feature-Reply**-Nachrichten zählen zu den Controller-to-Switch-Nachrichten und werden nach dem Verbindungsaufbau zwischen Controller und Switch ausgetauscht. Der Controller sendet die Feature-Request-Nachricht, auf die ein Switch mit der Feature-Reply-Nachricht antwortet. Diese enthält die eindeutige ID des Switches (Datapath ID bzw. DPID genannt), eine Liste vorhandener Ports, eine Liste unterstützter Aktionen und Informationen über weitere besondere Fähigkeiten des Switches (z.B. Anzahl vorhandener Buffer, abrufbare Statistiken).

2.2.1.3 Controller

Der Controller hält eine Verbindung zu den OpenFlow-Switches eines Netzwerkes aufrecht und ist durch die Beantwortung von Packet-In-Nachrichten mit einzelnen Verarbeitungsbefehlen (Send Packet) oder neuen Regeln (Modify Flow Entry) für eine sinnvolle Funktion des Netzwerks verantwortlich. Das Erfragen der korrekten Verarbeitung eines Paketes beim Controller bedeutet auf Grund des zusätzlichen Kommunikationsaufwandes und der Verarbeitung der Anfrage in Software eine relativ große Verzögerung der Weiterleitung des betroffenen Paketes. Außerdem ist die Verzögerung im Controller lastabhängig und es muss darauf geachtet werden, dass der Controller nicht durch Anfragen überlastet wird. Eine Installation von Regeln in OpenFlow-Switches ist daher in den meisten Anwendungsfällen unerlässlich. Beim Vorhandensein einer passenden Regel ist die Verzögerung bei der Paketweiterleitung allein von der Switch-Implementierung abhängig (vgl. zu diesem Abschnitt [15] [9]).

Der Controller entscheidet über das Verhalten eines jeden OpenFlow-Switches im Netzwerk und ist daher maßgeblich für die Eigenschaften des gesamten Netzwerkes. Die Komplexität des Controllers und der daraus resultierenden Netzwerkeigenschaften sind vollständig von der jeweiligen Controller-Implementierung abhängig, ohne dass OpenFlow Vorgaben bezüglich der Kontrolllogik macht. Für ein funktionierendes Subnetz ohne Schleifen in der Topologie wäre beispielsweise ein Controller ausreichend, der für jeden verbunden OpenFlow-Switch das Verhalten eines einfachen Layer-2-Switches (Flooding bei unbekannter Ziel-MAC-Adresse, gezielte Weiterleitung bei bekannter Ziel-MAC-Adresse) realisiert. Komplexere Funktionen herkömmlicher Netzwerkhardware (z.B. Router, Firewalls) sind ebenfalls problemlos möglich. Das eigentliche Ziel bei der Nutzung von SDN ist jedoch in der Regel die Realisierung eines Netzwerkverhaltens, das weit über die in einem herkömmlichen Netzwerk vorhandenen Möglichkeiten hinausgeht. So ist beispielsweise durch die flow-basierte Paketverarbeitung eine sehr fein strukturierte Unterscheidung des Traffics verschiedener Geräte und Anwendungen möglich und für jede Verbindung können unterschiedliche, komplexe Strategien des Traffic-Managements verfolgt werden (vgl. zu diesem Abschnitt [15] [9]).

Zur Erhöhung der Ausfallsicherheit können Backup-Controller verwendet werden. Beim Ausfall des primären Controllers sollte dann von den Switches eine Verbindung zu einem der Backup-Controller hergestellt werden. Zur Verbesserung von Skalierbarkeit und Ausfallsicherheit ist außerdem die gleichzeitige Verwendung mehrerer Controller in einem Netzwerk [15] und die simultane Verbindung eines Switches mit mehreren Controllern [16] vorgesehen. Die genaue Funktionsweise ist jedoch noch nicht Bestandteil der Switch-Spezifikation der Version 1.0.0.

2.2.2 POX-Controller

Seit der Entwicklung von OpenFlow sind einige Controller-Frameworks entstanden, auf deren Basis OpenFlow-Controller implementiert werden können. Das Hauptziel eines Controller-Frameworks ist es, das OpenFlow-Protokoll zu implementieren und Verbindungen zu Switches zu verwalten, damit der Programmierer einer Kontrolllogik sich vollständig auf die gewünschte Netzwerkfunktionalität konzentrieren kann, ohne sich mit den Details der Controller-Switch-Kommunikation befassen zu müssen. Das Sekundärziel eines Controller-Frameworks ist die Bereitstellung von Komponenten, die bei der Controllerentwicklung häufig benötigte Funktionen realisieren und daher bei der Entwicklung eigener Kontrolllogiken wiederverwendet werden können.

Im Rahmen dieser Arbeit wurde der Controller auf Basis von POX implementiert. POX [17] [18] [19] ist ein Controller-Framework, das aus NOX, dem ersten OpenFlow-Controller [20], hervorgegangen ist. POX ist in Python geschrieben und kann zur Entwicklung eigener Controller durch Python-Module erweitert werden. Das Framework verwaltet die Verbindungen zu den OpenFlow-Switches und stellt eine OpenFlow API bereit, die der unkomplizierten Erstellung und dem Versand von OpenFlow-Nachrichten dient. Außerdem werden eingetroffene OpenFlow-Nachrichten von einem Parser verarbeitet und stehen dem Programmierer zur einfachen Handhabung als Python-Objekte zur Verfügung. Des Weiteren besitzt POX ein Event-System, dass die verschiedenen Controllermodule über Ereignisse wie eingetroffene Packet-In-Nachrichten oder neue Verbindungen zu Switches informiert. Das Event-System kann auch zur Kommunikation und Synchronisation zwischen mehreren Controllermodulen eingesetzt werden (vgl. zu diesem Abschnitt [9]).

Um ein OpenFlow-Netzwerk schnell in Betrieb zu nehmen, bietet POX vorgefertigte Module, die einfache Kontrolllogiken (z.B. Layer-2-Switch-Verhalten für jeden verbundenen OpenFlow-Switch) realisieren. Weitere Module stellen in einem Controller häufig benötigte Funktionen bereit und können vom Entwickler eines neuen Controllers (gegebenenfalls in angepasster Form) weiterverwendet werden. Die im praktischen Teil dieser Arbeit verwendeten Module werden im Folgenden kurz beschrieben.

In POX steht eine Topologiedatenbank zur Verfügung, um die aktuelle Netzwerktopologie und Informationen über die einzelnen Geräte (Switches, Hosts) zu speichern. Sie setzt sich aus den Modulen **topology** und **openflow.topology** zusammen. topology stellt die eigentliche Datenbank dar, in der eine Liste vorhandener Geräte gespeichert ist. Im topology-Modul sind außerdem Klassen der verschiedenen Gerätetypen (Switches, Hosts) implementiert, die in der Datenbank zum Abspeichern der Geräte genutzt werden. openflow.topology verwaltet die Datenbank, indem es aufgetretene Events auswertet. In POX werden beispielsweise beim Verbindungsaufbau oder Verbindungsabbruch zu einem Switch Events generiert, die openflow.topology dazu veranlassen, den jeweiligen OpenFlow-Switch zur Datenbank hinzuzufügen oder aus dieser zu entfernen.

Das **openflow.discovery**-Modul implementiert aktive Suchmechanismen, die der Entdeckung von Verbindungen zwischen OpenFlow-Switches dienen. Das Modul generiert bei der Entdeckung von Verbindungen Events, die von openflow.topology verarbeitet werden und zur Aufnahme der entdeckten Verbindung in die Topologiedatenbank führen.

Das **host_tracker**-Modul analysiert eingehende Packet-In-Nachrichten, um vorhandene Endgeräte und deren Verbindung zum Netzwerk zu entdecken. Generiert werden entsprechend nutzbare Packet-In-Nachrichten z.B. wenn ein Gerät Daten sendet und noch kein passender Flow-Eintrag in einem OpenFlow-Switch vorhanden ist. Das host_tracker-Modul muss erkennen, ob eine Packet-In-Nachricht am OpenFlow-Switch durch ein Paket ausgelöst wurde, dass von einem anderen OpenFlow-Switch stammt, oder durch ein Paket, das direkt von einem angeschlossenen Endgerät kommt. Nur Packet-In-Nachrichten die durch ein Paket direkt von einem Host ausgelöst wurden, sind für die Hosterkennung relevant. Pakete, die an einem OpenFlow-Switch ankommen und von einem anderen OpenFlow-Switch kommen, sind bereits weitergeleitete oder durch den Controller generierte Pakete und kennzeichnen keine Verbindungsstelle zu einem Endgerät. Solche Packet-In-Nachrichten müssen vom host_tracker daher ignoriert werden. Das host_tracker-Modul ist daher abhängig von openflow.discovery, da openflow.discovery die benötigte Information liefern kann, ob eine Packet-In-Nachricht an einer Switch-Switch-Verbindung entstanden ist. Aus einer Packet-In-Nachricht kann das host_tracker-Modul die Adressinformationen des sendenden Endgerätes auslesen, sowie die DPID des Switches und den Port, an dem es angeschlossen ist. Das host_tracker-Modul arbeitet nicht mit openflow.topology zusammen, sondern speichert eine eigene Datenbank gefundener Hosts inklusive der zugehörigen Verbindung. Das host_tracker-Modul führt keine aktive Suche durch, sondern wertet nur eintreffende Packet-In-Nachrichten aus.

2.3 Dijkstra-Algorithmus

Da sich eine Erkennung der Netzwerktopologie mit Hilfe von OpenFlow leicht realisieren lässt, können im Controller auch Routingalgorithmen eingesetzt werden, die vollständige Topologiekenntnisse erfordern. Dazu zählt beispielsweise der von Edsger W. Dijkstra entwickelte *Single Source Shortest Path*-Algorithmus. Dieser dient dazu, in einem kantengewichteten Graphen von einem Startknoten ausgehend die kürzesten Wege zu allen anderen Knoten des Graphen zu finden. Mit dem kürzesten Weg ist der Weg gemeint, bei dem die Summe der Gewichte aller auf dem Weg durchlaufenen Kanten am geringsten ist. Der Graph kann beispielsweise die Topologie eines Netzwerks abbilden: Bei den Knoten des Graphen handelt es sich um Switches und angeschlossene Endgeräte, bei den Kanten um die in der Netzwerktopologie vorhandenen Verbindungen. Als Kantengewicht sind verschiedene Parameter vorstellbar, wie z.B. die Anzahl der Hops (jede Kante hat das Gewicht 1) oder die zusätzliche Verzögerung durch Nutzung der jeweiligen Verbindung (u.a. von Switch- und Kabelverzögerung abhängig). Auch komplexere Kantengewichte, die neben der Verzögerung und Hopanzahl auch die Bandbreite der Verbindung mit einbeziehen, sind möglich. Damit der Dijkstra-Algorithmus anwendbar ist, dürfen die Gewichte der Kanten jedoch nicht negativ sein. Die Kantengewichte werden auch als Kosten bezeichnet.

Der Algorithmus beginnt mit einer Initialisierung der Gesamtkosten die zum Erreichen eines Knotens vom Startknoten aus jeweils anfallen. Die Gesamtkosten werden zu Beginn für jeden Knoten mit Ausnahme des Startknotens auf unendlich festgelegt. Die Kosten zum Erreichen des Startknotens werden mit 0 initialisiert. Dann wird eine Liste der erreichbaren Knoten angelegt. Zunächst wird in diese Liste nur der Startknoten eingetragen. Anschließend wird das folgende Vorgehen wiederholt, bis keine Knoten mehr in dieser Liste der erreichbaren Knoten enthalten sind (vgl. [21]).

Aus der Liste erreichbarer Knoten wird der Knoten mit den geringsten Gesamtkosten als aktiver Knoten ausgewählt und aus der Liste entfernt. Ausgehend vom aktiven Knoten werden die Gesamtkosten zum Erreichen der direkten Nachbarknoten auf dem Weg über den aktiven Knoten berechnet. Die für einen Nachbarknoten berechneten Gesamtkosten sind demnach die Summe der Gesamtkosten des aktiven Knotens und der Kosten der Verbindung vom aktiven Knoten zum jeweiligen Nachbarknoten. Sind die so berechneten Gesamtkosten zum Erreichen des Nachbarknotens geringer als die bisher für diesen Knoten bekannten Gesamtkosten, so wird dessen Eintrag für die Gesamtkosten aktualisiert und der aktive Knoten als sein Vorgänger gespeichert. In diesem Fall wird der entsprechende Nachbarknoten außerdem der Liste erreichbarer Knoten hinzugefügt, falls er dort noch nicht eingetragen war. Sind die für einen Nachbarknoten berechneten Kosten höher als die bisher für diesen Knoten angegebenen Gesamtkosten, so wird nichts unternommen. Wurden alle Nachbarknoten des aktiven Knoten bearbeitet, wird wieder der Knoten mit den kleinsten Gesamtkosten aus der Liste erreichbarer Knoten entfernt und als aktiver Knoten ausgewählt und der Vorgang beginnt erneut. Einmal als aktiver Knoten ausgewählte Knoten werden auf diesem Wege niemals erneut in die Liste erreichbarer Knoten aufgenommen, da die für sie später berechneten Gesamtkosten auf Grund der ausschließlich positiven Kantengewichte immer größer sind, als zum Zeitpunkt der Auswahl als aktiver Knoten (vgl. [21]).

Ist die Liste erreichbarer Knoten leer, so ist die Suche nach Pfaden abgeschlossen. An allen Knoten sind dann die Gesamtkosten des kürzesten vom Startknoten ausgehenden Weges eingetragen. Der zugehörige Weg kann gefunden werden, indem man vom Zielknoten aus den eingetragenen Vorgängern folgt, bis der Startknoten erreicht ist (vgl. [21]).

Der Algorithmus ist mit einer Zeitkomplexität von $O(N^2)$ (N bezeichnet die Anzahl der Knoten) implementierbar und stellt damit eine einfache Möglichkeit dar, in Netzwerken mit bekannter Topologie die optimale Route zwischen zwei Knoten zu finden. Daher wurde er in dieser Arbeit als Grundlage für die benötigten Routenplanungsalgorithmen verwendet.

2.4 Java Script Object Notation (JSON)

Bei JSON [22] [23] handelt es sich um ein Datenformat, dass zum Austausch und Abspeichern von Datenstrukturen genutzt werden kann. Der Vorteil des Formats ist es, dass eine für Menschen lesbare Repräsentation der Daten (Textformat) verwendet wird und dass für viele Programmiersprachen Bibliotheken existieren, die zum Erstellen und Parsen von JSON-Daten genutzt werden können.

In JSON gibt es zwei übergeordnete Strukturen:

- Ein *Array* ist eine Liste von Werten, die durch Kommas getrennt und von eckigen Klammern umschlossen wird.
- Ein *Objekt* ist eine ungeordnete Menge von Name : Wert-Paaren, die durch Kommas getrennt werden. Die Menge wird durch geschweifte Klammern umschlossen.

Gültige Werte sind in JSON:

- Ein weiteres Array
- Ein weiteres Objekt
- Ein von Anführungszeichen umschlossener String, der aus Unicode Code Points besteht (Details zur Behandlung bestimmter Sonderzeichen in [23])
- Eine Zahl, deren genauer Syntax in [23] spezifiziert ist
- Einer der Bezeichner true, false oder null

Code 1 zeigt ein Beispiel für ein gültiges JSON-Dokument.

```
{
  "name" : "Office PC",
  "ip_int" : 3232235778,
  "ip_string" : "192.168.1.2",
  "features" : {
    "dhcp" : true
    "ipv6"  : false
  }
}
```

Code 1: Beispiel für ein JSON-Dokument.

JSON kann beispielsweise zum Austausch von Daten über eine Netzwerkverbindung genutzt werden. Durch sein Format ist es prinzipiell weniger effizient als ein speziell für eine Anwendung entworfenes Protokoll, allerdings erlaubt es durch die bereits vorhandenen Codebibliotheken eine schnelle Implementierung eines Datenaustausches, während für ein angepasstes Protokoll erst Parser und Funktionen zur Erstellung der Nachrichten geschrieben werden müssten. JSON ist daher eine gute Wahl, wenn eine schnelle Implementierung notwendig ist, die Effizienz bei der Datenübertragung auf Grund eines geringen Datenaufkommens jedoch von geringer Bedeutung ist. Daher wurde es im Rahmen dieser Arbeit zur Realisierung einer Controller-Anwendungs-Kommunikation (Northbound API) genutzt.

3 Konzept

3.1 Übersicht

Das im Rahmen dieser Arbeit entwickelte Konzept soll die neuen, durch SDN gebotenen Möglichkeiten ausnutzen, um ein Kommunikationssystem mit harter Echtzeitfähigkeit zu realisieren, dass keine der bereits erläuterten Schwachstellen herkömmlicher IE-Systeme aufweist und beliebige Topologien effizient nutzen kann. Die Ziele sind somit:

- Kommunikation ohne SPoF
- Umfangreiche Fähigkeiten zur automatischen Konfiguration
- Mindestens die Erfüllung der Echtzeit-Klasse 2
- Implementierung ohne Spezialhardware
- Effizientere Ausnutzung des Netzwerks als bei herkömmlichen IE-Systemen zur Steigerung der Leistungsfähigkeit und Skalierbarkeit

Um die Echtzeitfähigkeit der Kommunikation zu garantieren, wird ein geregelter Zugriff auf das Netzwerk benötigt. Dieser wird vom SDN-Controller koordiniert. Beim Start des Netzwerkes verbinden sich alle OpenFlow-Switches mit dem Controller, welcher anschließend eine Topologieerkennung durchführt. Hierbei werden erst alle Verbindungen zwischen den OpenFlow-Switches erkannt. Anschließend sucht der Controller nach allen an das Netzwerk angeschlossenen Endgeräten. Danach muss der Controller darüber informiert werden, welche Endgeräte miteinander kommunizieren müssen. Diese Angabe erfolgt in Form von Flows, wobei zu jedem Flow außerdem Angaben zum Datenaufkommen und der maximal zulässigen Latenz gemacht werden.

Anhand der Topologiedatenbank und der Kommunikationswünsche erstellt der Controller einen Belegungsplan für das Netzwerk. In diesem wird für jede einzelne Verbindung im Netzwerk festgelegt, wann sie durch welchen Flow verwendet werden darf. Es handelt sich also um ein flow-spezifisches Zeitschlitzverfahren (TDMA). Einem angeschlossenen Endgerät können dementsprechend mehrere Zeitschlitze zugewiesen werden, in denen es jeweils die Daten eines bestimmten Flows senden darf. Die Topologiekenntnisse werden dabei genutzt, um räumlich voneinander getrennte Kommunikation zur gleichen Zeit zuzulassen (Space Division Multiple Access, SDMA). Dies ist ein wichtiger Vorteil im Vergleich zu herkömmlichen Zeitschlitzverfahren, in denen im gesamten Netzwerk nie mehr als ein Teilnehmer zur gleichen Zeit die Sendeerlaubnis erhält. Ermöglicht wird dieses Vorgehen durch die Topologiekenntnisse und die gezielte Vergabe von Routen. Zeitschlitzverfahren, die keine Kenntnis der Topologie und der vergebenen Routen besitzen, können eine derartige parallele Datenübertragung prinzipiell nicht nutzen. Besonders für größere Netzwerke ist das Erlauben der gleichzeitigen Kommunikation in räumlich voneinander getrennten Bereichen ein entscheidender Vorteil, um die zur Verfügung stehenden Netzwerkressourcen effizient zu nutzen. Auf Grund dieses Prinzips ist ausschließlich die Verwendung von Switches vorgesehen, da Hubs keine räumliche Trennung der Kommunikation ermöglichen.

Die festgelegte zeitliche Abfolge der Kommunikation wird später zyklisch wiederholt. Dem erstellten Belegungsplan folgend werden als nächstes die Routen in den OpenFlow-Switches installiert und die Endgeräte darüber informiert, wann sie über welchen Flow Daten übertragen dürfen. Bevor die echtzeitfähige Kommunikation gestartet wird, findet eine Synchronisierung der Uhren der Endgeräte statt, da für das Zeitschlitzverfahren eine gemeinsame Referenzzeit benötigt wird, anhand der die Endgeräte feststellen können, ob sie gerade die Sendeerlaubnis für einen bestimmten Flow besitzen. In der folgenden Kommunikation über das OpenFlow-Netzwerk ist der Controller nicht mehr beteiligt, da die Flow-Einträge in den OpenFlow-Switches bereits vorab installiert wurden. Dies hat den Vorteil, dass der SDN-Controller mit seiner vergleichsweise komplexen Logik nicht hinsichtlich der Echtzeitfähigkeit überprüft werden muss und ein Ausfall des Controllers nicht zu einer Störung Echtzeitkommunikation führt.

0.	Verbindungsherstellung der OpenFlow-Switches
1.	Erkennung aller Switch-Switch-Verbindungen
2.	Erkennung aller angeschlossenen Endgeräte
3.	Erfragen der benötigten Flows und deren Anforderungen
4.	Planung von Routen und Zeitschlitzen für alle benötigten Flows
5.	Bekanntgabe des Sendezeitplans gegenüber den Endgeräten
6.	Synchronisierung der Endgeräte
7.	Echtzeitfähige Kommunikation durch die Anwendungen

Tabelle 4: Ablauf beim Start des entworfenen Kommunikationssystems (0. – 5. aus Sicht des SDN-Controllers).

Der Ablauf beim Start des Systems ist in Tabelle 4 zusammengefasst. Die verschiedenen gezeigten Aufgaben sind weitgehend unabhängig voneinander und werden daher später auch in getrennten Modulen implementiert. Dies stellt bei der Weiterentwicklung des Systems einen Vorteil dar, da eine unabhängige Optimierung der einzelnen Komponenten des Systems erfolgen kann. Insbesondere die einfache Austauschbarkeit der Controllerkomponente für die Routen- und Zeitplanung bietet eine gute Anpassungsfähigkeit des Systems an bestimmte Topologien, Trafficmuster und Anwendungsanforderungen. Im Folgenden werden diese Komponenten genauer erläutert.

3.2 Topologie- und Hosterkennung

3.2.1 Erkennung von Switch-Switch-Verbindungen

Die Topologieerkennung sollte gestartet werden nachdem alle OpenFlow-Switches eine Verbindung zum Controller aufgebaut haben.

Die Topologieerkennung beginnt mit der Suche nach Verbindungen zwischen OpenFlow-Switches (im weiteren Verlauf als Link Discovery bezeichnet). Hierzu sendet der Controller Link Layer Discovery Protocol (LLDP)-Pakete aus jedem Port von jedem angeschlossenen OpenFlow-Switch. Die Übertragung der LLDP-Pakete vom Controller zu den OpenFlow-Switches erfolgt dabei mit Hilfe von Send-Packet-Nachrichten des OpenFlow-Protokolls. Ab dem OpenFlow-Switch werden die LLDP-Pakete direkt im Ethernet Frame versendet, welcher an eine Multicast-Adresse (01-23-20-00-00-01) adressiert ist. Bereits beim Verbindungsaufbau zwischen Controller und OpenFlow-Switch wird in jedem Switch ein zu dieser Ziel-MAC-Adresse und dem Ethertype von LLDP (0x88CC) passender Flow-Eintrag installiert, welcher für Pakete dieser Art die Weiterleitung an den Controller als Aktion festlegt.

LLDP-Pakete können eine Vielzahl von sogenannten Type-Length-Value (TLV)-Strukturen enthalten, deren Type-Feld den Inhalt der Struktur festlegt. Neben TLV-Strukturen mit im entsprechenden Standard (IEEE 802.1 AB) definierten Typ können auch TLVs mit benutzerdefiniertem Inhalt im Paket enthalten sein. Im Falle der Topologieerkennung wird jeweils ein TLV für die Datapath ID und die Portnummer verwendet, welche den Switch und den Port identifizieren, von dem aus das LLDP-Paket abgesendet wird.

Trifft das LLDP-Paket beim nächsten OpenFlow-Switch ein, so wird es auf Grund des genannten Flow-Eintrages in eine Packet-In-Nachricht verpackt und an den Controller gesendet. Da die Packet-In-Nachricht Informationen darüber enthält, an welchem Switch und Port das LLDP-Paket eingetroffen ist, kann der Controller mit Hilfe dieser Information und den Absenderdaten aus dem LLDP-Paket ableiten, zwischen welchen Ports bzw. Switches eine Verbindung besteht (siehe Abbildung 4). Diese wird in die

Topologiedatenbank des Controllers aufgenommen, wobei standardmäßig von Full-Duplex-Verbindungen ausgegangen wird und dementsprechend auch immer die Gegenrichtung einer erkannten Verbindung in die Topologie eingetragen wird.

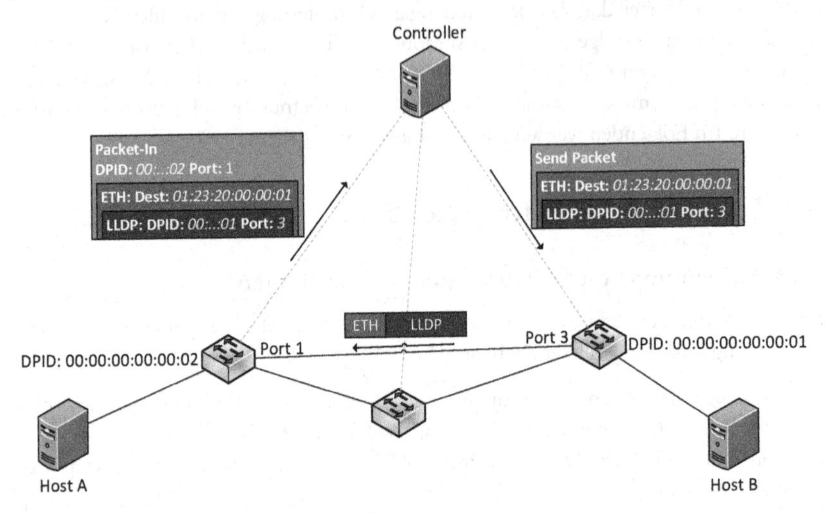

Abbildung 4: Link Discovery mittels LLDP-Paketen.

Das Controllermodul zur Link Discovery wertet dabei nur Packet-In-Nachrichten aus, die einen an die oben genannte MAC-Adresse adressierten Ethernet Frame mit einem LLDP-Paket beinhalten. Die Verwendung einer normalen Multicast-Adresse als Ziel-MAC-Adresse der versendeten Pakete ermöglicht es prinzipiell auch, Verbindungen zwischen OpenFlow-Switches zu erkennen, die über weitere, nicht OpenFlow-fähige Switches miteinander verbunden sind, da diese die LLDP-Pakete über alle ihre Switchports weiterleiten. Derzeit sind entsprechende gemischte Topologien im vorgestellten Konzept nicht vorgesehen, es spricht jedoch prinzipiell nichts dagegen, diese zukünftig auch zu unterstützen. Das beschriebene Vorgehen bei der Link Discovery stammt aus dem entsprechenden POX-Modul openflow.discovery.

3.2.2 Erkennung angeschlossener Endgeräte

Nachdem alle Ethernetverbindungen zwischen den OpenFlow-Switches erkannt wurden, wird die Suche nach angeschlossenen Endgeräten (Host Tracking) gestartet. Der Ablauf beim Host Tracking ähnelt stark dem der Link Discovery. Im Falle des Host Trackings sendet der Controller ein ICMP-Echo-Request-Paket aus jedem Switchport, an dem nicht bereits eine Switch-Switch-Verbindung erkannt wurde. Das ICMP-Paket verwendet die MAC- und IP-Adresse des Controllers als Absender und wird an die

Ethernet-Broadcast-Adresse (FF-FF-FF-FF-FF-FF) sowie die IP-Broadcast-Adresse des Subnetzes, das von den angeschlossenen Endgeräten verwendet wird, adressiert. Ein Endgerät antwortet mit einem normalen ICMP-Echo-Reply-Paket, welches direkt an den Controller adressiert ist und die IP- und MAC-Adresse des Gerätes als Absender enthält. Trifft das Paket beim OpenFlow-Switch ein, so wird es in Form einer Packet-In-Nachricht an den Controller weitergeleitet. Ein entsprechender Flow-Eintrag zur Weiterleitung von an den Controller adressierten ICMP-Paketen wird in jedem Switch direkt nach dem Verbindungsaufbau zum Controller installiert. Aus der Packet-In-Nachricht inklusive ICMP-Paket kann der Controller den Anschlusspunkt (Switch, Port) und die Adressinformationen (IP, MAC) des Endgerätes auslesen und in die Topologiedatenbank eintragen. Der Ablauf des Host Trackings ist in Abbildung 5 gezeigt. Das grundlegende Prinzip des hier beschriebenen Host Trackings stammt aus dem POX-Modul host_tracker (siehe Kapitel 4.2 für Details zu den im Rahmen dieser Arbeit vorgenommenen Anpassungen).

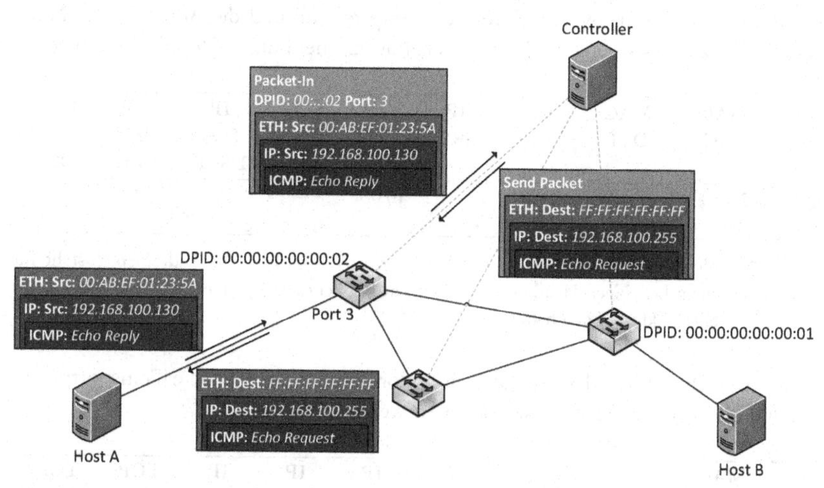

Abbildung 5: Ablauf der Hosterkennung.

Damit das Host Tracking funktioniert, muss darauf geachtet werden, dass die Endgeräte so konfiguriert werden, dass sie auf ICMP-Anfragen an Broadcast-Adressen antworten. Standardmäßig ist diese Funktionalität bei vielen ICMP-Implementierungen deaktiviert.

3.3 Erkennung von Kommunikationsmuster und -anforderungen

Nach dem Abschluss der Topologieerkennung ist noch ein weiterer Schritt notwendig, bevor der Controller die Berechnung und Installation von Routen vornehmen und einen Zeitplan für den Netzwerkzugriff der Endgeräte aufstellen kann. Er muss zunächst in Erfahrung bringen, welche Geräte miteinander kommunizieren müssen und welche zeitlichen Anforderungen hierbei vorliegen.

3.3.1 Flow-Definition und Anforderungsprofil

Die Angabe, welche Geräte miteinander kommunizieren müssen, erfolgt in Form von Flows. Für jede benötigte Verbindung zwischen Geräten oder Anwendungen im Netzwerk wird ein Flow definiert. Dementsprechend kann diese Angabe mit unterschiedlicher Granularität erfolgen. Standardmäßig sind für das System Flows vorgesehen, die die MAC-Adressen, das verwendete Netzwerkprotokoll und die Adressen der Netzwerkschicht zur Festlegung der Kommunikationspartner nutzen (Beispiel in Tabelle 5).

In Port	MAC SRC	MAC DST	Ether-type	IP SRC	IP DST	IP Proto.	IP ToS/ DSCP	TCP/ UDP SRC	TCP/ UDP DST
*	02:00:00:64:ae:e4	02:00:00:89:d6:f2	IPv4	10.0.1.2	10.0.1.3	*	*	*	*

Tabelle 5: Flow-Definition unter Verwendung von MAC- und Netzwerkadressen. * steht für einen beliebigen Headereintrag (Wildcard). Nicht gezeigte Headerfelder sollen ebenfalls Wildcards beinhalten.

Die Angabe eines Flows kann außerdem optional um das verwendete Transportprotokoll und die zugehörigen Adressen erweitert werden (Tabelle 6).

In Port	MAC SRC	MAC DST	Ether-type	IP SRC	IP DST	IP Proto.	IP ToS/ DSCP	TCP/ UDP SRC	TCP/ UDP DST
*	02:00:00:64:ae:e4	02:00:00:89:d6:f2	IPv4	10.0.1.2	10.0.1.3	UDP	*	7777	6100

Tabelle 6: Flow-Definition für eine bestimmte UDP-Verbindung.

Zusätzlich ist es vorgesehen, dass optional die Verwendung von MAC-Adressen in der Flow-Definition deaktiviert werden kann. Da Konzept und Implementierung des im Rahmen dieser Arbeit entworfenen Systems nur die Kommunikation innerhalb eines

Subnetzes berücksichtigen, ist die Angabe von MAC-Adressen in der Flow-Definition ohnehin redundant mit der Angabe von IP-Adressen.

Prinzipiell spricht nichts dagegen, das System zukünftig auch für die Verwendung aller anderen von OpenFlow vorgesehenen Headerfelder anzupassen und für die Kommunikation zwischen Subnetzen zu erweitern.

Für jeden Flow müssen dem Controller außerdem die einzuhaltenden Echtzeitkriterien bekannt sein. Die folgenden Parameter werden typischerweise benötigt, um die Echtzeitanforderungen einer Kommunikationsverbindung vollständig zu beschreiben (vgl. Kapitel 2.1.5):

- $t_{SendCycle}$
- $t_{RequiredSlotLength}$
- $t_{MaxLatency}$

Für einige Anwendungen ist auch der Jitter der Datenübertragung relevant. Dieses Problem wird in Kapitel 3.4 näher erläutert.

3.3.2 Statischer Modus

Es sind zwei verschiedene Wege vorgesehen, auf denen der Controller die benötigten Flows und die zugehörigen Anforderungen erhält. Bei der ersten Variante ist hierfür keine Kommunikation zwischen dem Controller und den Geräten im Netzwerk notwendig. Anstatt die entsprechenden Informationen bei den Endgeräten zu erfragen, stellt der Controller allen bei der Topologieerkennung gefundenen Endgeräten vordefinierte Flows mit vordefinierten Anforderungen zur Verfügung. Diese Vorgaben können beispielsweise aus einer Datei stammen, die eine zur aktuellen Topologie und den aktuell laufenden Anwendungen passende Flow-Konfiguration enthält. Alternativ kann die Flow-Konfiguration auch nach bestimmten Regeln vom Controller erzeugt werden.

Beispiel Der Controller erzeugt eine Flow-Konfiguration, die für alle Zeitschlitze und damit die gesamte Kommunikation die gleiche Zykluszeit vorsieht. In einem Kommunikationszyklus wird jedem Paar von Endgeräten in beide Richtungen genau einmal die Kommunikation über einen relativ allgemeinen Flow (nur MAC- und IP-Adressen, siehe Tabelle 5) erlaubt, wobei außerdem alle Zeitschlitze gleich lang sind.

Ist vorab mehr über die benötigten Flows bekannt, so kann dieses Wissen auch dazu genutzt werden spezifischere Flow-Konfigurationen zu generieren.

3.3.3 Nichtstatischer Modus

Ist das Kommunikationsmuster vorab gänzlich unbekannt, so muss der Controller die Flow-Informationen nach der Topologieerkennung bei den Endgeräten erfragen. Zu diesem Zweck muss auf allen Endgeräten eine Anwendung laufen, die entsprechende Anfragen des Controllers entgegennimmt und beantwortet. Die Anfragen werden in UDP-Paketen gestellt, die wiederum mit Hilfe von Send-Packet-Nachrichten versendet werden. Antworten der Endgeräte werden in Packet-In-Nachrichten an den Controller übermittelt. Auch hierfür wird, wie bei der Topologieerkennung, ein passender Flow-Eintrag in den Switches installiert, um die entsprechende Weiterleitung von UDP-Paketen zu veranlassen, wenn diese an die IP- und MAC-Adresse des Controllers sowie den von ihm gewählten UDP-Port adressiert sind. Der seitens des Controllers verwendete UDP-Port kann für diese Nachrichten frei gewählt werden, während die Endgeräte die Anfragen auf dem UDP-Port 9090 erwarten. Die Antworten der Endgeräte enthalten ein JSON-Objekt, das die Flow-Informationen und Anforderungen enthält. Passen nicht alle gewünschten Flows in ein UDP-Paket, so kann eine Anwendung mehrere Antworten mit diesem Aufbau senden. Der notwendige Aufbau des JSON-Objekts ist in Code 2 gezeigt.

```
{
  "name" : "unique_name",
  "flows" : [
    {
      //notwendige Einträge
      "flowtype" : int //0: Absender des JSON-Objekts ist Quelle des Flows
                       //1: Absender des JSON-Objekts ist Ziel des Flows
      "no_dl"    : bool //true: Nutzung von Flow-Headern ohne MAC-Adressen
                        //false: Nutzung von Flow-Headern mit MAC-Adressen
      "constraint" : {
        "max_latency_us"            : int
        "send_cycle_us"             : int
        "required_slot_length_us"   : int
      }

      //Einer der beiden folgenden Einträge ist zur Angabe des Kommunikations-
      //partners in Form von Name oder Netzwerkadresse notwendig
      "cp_name"    : "name"
      "cp_nw_addr" : "Netzwerkadresse als String (z.B. '192.168.100.131')"

      //optionale Einträge zur Verwendung von spezifischen Flows nach Tabelle 6
      "nw_proto" : int
      "tp_src"   : int
      "tp_dst"   : int
    },
    {
      //... weiterer Flow ...
    }
  ]
}
```

Code 2: JSON-Objektformat zur Übermittlung von Flow-Anforderungen an den Controller. Kommentare sind mit // gekennzeichnet.

Das JSON-Objekt enthält ein Namensfeld, in dem der antwortende Host einen lesbaren Namen angeben muss. Der Controller ordnet diesen dem entsprechenden Netzwerkteilnehmer zu und kann ihn zukünftig neben der IP-Adresse verwenden, um den Teilnehmer zu identifizieren. Hierfür müssen die Namen im gesamten Netzwerk einzigartig sein. Im Rahmen dieser Arbeit wurden die Namen manuell vergeben. Wie eine automatische Vergabe einzigartiger Namen erfolgen könnte, wurde im Rahmen dieser Arbeit nicht behandelt. Die Flows inklusive der zugehörigen Anforderungen werden als Liste übertragen. Der „flowtype"-Eintrag eines Flows gibt an, ob der antwortende Host die Quelle oder das Ziel des gerade beschriebenen Flows ist (0 bedeutet Quelle, 1 bedeutet Ziel). Dies ist notwendig, damit der Controller die MAC- und IP-Adressfelder im Flow-Header korrekt setzen kann. Ein Endgerät kann somit auch Flows anfordern, bei denen es der Empfänger der Daten ist. Die IP-Adresse des Kommunikationspartners kann durch den „cp_nw_addr"-Eintrag angegeben werden. Ist die IP-Adresse des Kommunikationspartners dem Gerät, das den Flow beim Controller anmeldet, nicht bekannt, so kann stattdessen der „cp_name"-Eintrag verwendet werden. Der Controller nimmt in diesem Fall, nachdem die Befragung aller Endgeräte nach benötigten Flows abgeschlossen ist, eine Namensauflösung vor und findet die zugehörige IP-Adresse in seiner Datenbank, sofern das Gerät im Netzwerk vorhanden ist. Dieses Verfahren ermöglicht es, Anwendungen unabhängig von der (möglicherweise vorab unbekannten) Netzwerkkonfiguration der Geräte korrekt einzustellen. Auf Grund von diesem Verfahren müssen Geräte, die selbst keine Flows beim Controller anmelden wollen, dennoch mit ihrem Namen und einer leeren Flow-Liste auf Anfragen des Controllers antworten. Standardmäßig verwendet der Controller in den später in den OpenFlow-Switches installierten Flow-Einträgen die Flow-Header nach Tabelle 5. Optional können bei der Flow-Beschreibung die Einträge „nw_proto", „tp_src" und „tp_dst" gesetzt werden, um einen spezifischeren Flow, wie in Tabelle 6 gezeigt, zu definieren. Außerdem ist es möglich, den Controller durch das auf „True" Setzen des Eintrags „no_dl" dazu zu veranlassen, Flow-Header ohne definierte MAC-Adressen (Wildcard) bei der späteren Installation der zugehörigen Routen zu verwenden. Darüber hinaus muss jeder Flow einen „constraint"-Eintrag besitzen, der die bereits erläuterten Anforderungen beschreibt.

Eine weitere wichtige Frage im Zusammenhang mit dem nichtstatischen Modus ist, woher die Endgeräte selbst die Information erhalten, mit welchen anderen Geräten sie kommunizieren müssen und welche Flows daher benötigt werden. Eine Möglichkeit wäre eine manuelle Konfiguration der Endgeräte, was dazu führen würde, dass sich der nichtstatische Modus kaum noch vom statischen Modus unterscheidet. Weniger manuellen Konfigurationsaufwand kann man erreichen, indem man beim Startvorgang des Netzwerks eine zusätzliche Phase vorsieht, in der die Geräte beliebig (nicht echtzeitfähig) miteinander kommunizieren können, um sich mit Hilfe von Netzwerkerkennungsmethoden kennenzulernen und die benötigten Flows für die spätere Echtzeitkommunikation auszuhandeln. Alternativ könnte diese Phase auch von einer anwendungsspezifischen Managementeinheit zur Netzwerkerkennung und Planung der benötigten Kommunikationsmuster genutzt werden. Der SDN-Controller kann die Flow-Informationen dann bei der Managementeinheit statt bei den Endgeräten selbst erfragen. Welche der genannten Möglichkeiten im praktischen Einsatz den besten Kompromiss aus Implementierungsaufwand, Flexibilität und Konfigurationsaufwand darstellt, wurde in dieser Arbeit nicht untersucht, da diese Frage für die Bewertung des entwickelten Echtzeitnetzwerks von keiner großen Bedeutung ist, sondern von der angestrebten Anwendung und den dort gewünschten manuellen Konfigurationsmöglichkeiten sowie möglicherweise bereits existierenden Managementsystemen abhängt.

3.3.4 Anforderungsparameter und Übertragungslatenz

3.3.4.1 Bedeutung von Übertragungslatenz und Anforderungsparametern für den Controller

Für jeden einzelnen Flow muss der Controller eine Route bestimmen und einen Zeitschlitz mit geeigneter Zykluszeit und Länge festlegen. Dabei muss der Controller darauf achten, dass die Flow-Anforderungen bezüglich der Sendezeit (durch die Anforderungsparameter $t_{SendCycle}$ und $t_{RequiredSlotLength}$ definiert) und der maximal zulässigen Latenz (durch $t_{MaxLatency}$ definiert) eingehalten werden. In der hier vorliegenden Betrachtung soll die korrekte Bestimmung der Zeitschlitzkonfiguration analysiert werden, während die Route als gegeben angenommen wird. Die Länge $t_{SlotLength}$ des vergebenen Zeitschlitzes wurde im Rahmen dieser Arbeit immer entsprechend dem zugehörigen Anforderungsparameter $t_{RequiredSlotLength}$ gewählt:

$$t_{SlotLength} = t_{RequiredSlotLength} \quad (3.1)$$

Wie in Kapitel 2.1.5 genannt, ist es ein einfaches Vorgehen, auch die Zykluszeit $t_{CycleTime}$ entsprechend dem zugehörigen Anforderungsparameter $t_{SendCycle}$ zu wählen:

$$t_{CycleTime} = t_{SendCycle} \quad (3.2)$$

Bei dieser oder einer noch kleineren $t_{CycleTime}$ und der beschriebenen Dimensionierung der Zeitschlitze können sich niemals Daten mehrerer Sendezyklen der Anwendung in der Queue der auf die Sendeerlaubnis wartenden Pakete ansammeln. Eine entsprechende Konfiguration ist in Abbildung 6 gezeigt.

Alle Daten in der Queue können somit immer im nächsten kommenden Zeitschlitz gesendet werden und es gilt daher:

$$t_{Queue} < t_{CycleTime} \quad (3.3)$$

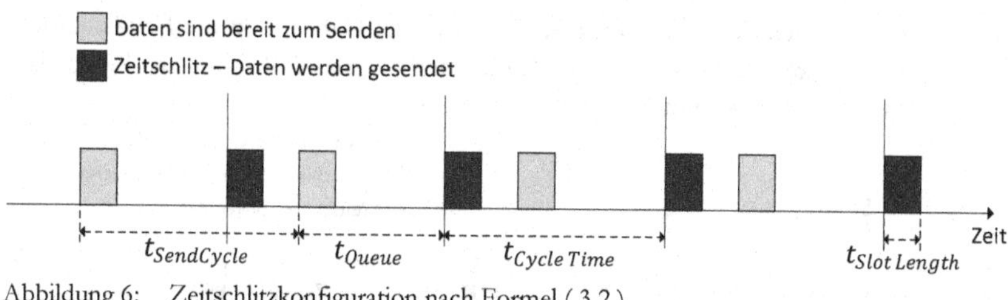

Abbildung 6: Zeitschlitzkonfiguration nach Formel (3.2).

Die Berechnung der Latenz der Übertragung erfolgt nach Formel (2.5). Mit Formel (3.3) wird die Latenz, die maximal auftreten kann, beschränkt:

$$t_{Latency} = t_{Queue} + t_{Delivery} < t_{CycleTime} + t_{Delivery} \tag{3.4}$$

Zur Einhaltung der Echtzeitanforderungen muss diese maximal mögliche Latenz geringer sein als die für den jeweiligen Flow maximal zulässige Latenz $t_{MaxLatency}$:

$$t_{Latency} < t_{CycleTime} + t_{Delivery} \leq t_{MaxLatency} \tag{3.5}$$

Bei der Wahl von $t_{CycleTime}$ entsprechend (3.2) ist Bedingung (3.5) also genau dann erfüllt, wenn folgendes gilt:

$$t_{SendCycle} + t_{Delivery} \leq t_{MaxLatency} \tag{3.6}$$

Das Setzen von $t_{CycleTime}$ entsprechend (3.2) ist also für alle Flows ausreichend, deren maximal zulässige Latenz ausreichend größer ist als der eigene Sendezyklus. Im Folgenden sollen zwei Sonderfälle betrachtet werden.

Fall A: $t_{SendCycle} + t_{Delivery} > t_{MaxLatency}$

In diesem Fall ist Bedingung (3.6) nicht erfüllt. Eine Möglichkeit zur Lösung dieses Problems wäre es, $t_{Delivery}$ zu verringern. Da $t_{Delivery}$ nur von den verwendeten Geräten und der Route abhängt, sind hier jedoch kaum Verbesserungen möglich. Die Route kann zwar angepasst werden, sie wird allerdings in der Regel durch den verwendeten Routingalgorithmus von Beginn an möglichst kurz gewählt, sodass wenig oder gar kein Optimierungspotential vorhanden ist. Von dieser Möglichkeit wird daher kein Gebrauch gemacht. Um dennoch die geforderte Bedingung (3.5) zu erfüllen, ist daher eine Anpassung von $t_{CycleTime}$ notwendig. Zur Erfüllung von (3.5) muss folgendes gelten:

$$t_{CycleTime} \leq t_{MaxLatency} - t_{Delivery} \tag{3.7}$$

Somit ist $t_{CycleTime}$ kleiner als $t_{SendCycle}$. Daher werden nicht mehr alle Zeitschlitze vollständig genutzt, da mehr Zeit für den Flow reserviert wird, als zum Senden der erzeugten Daten notwendig. Daher sinkt die Effizienz des Netzwerkes (Abbildung 7). Zur Einhaltung der maximal zulässigen Latenz ist dies jedoch notwendig.

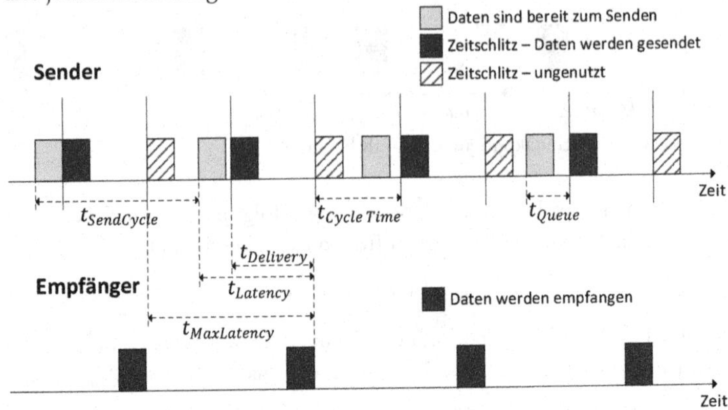

Abbildung 7: Beispiel einer Zeitschlitzkonfiguration mit ungenutzten Zeitschlitzen zur Einhaltung der maximal zulässigen Latenz. $t_{MaxLatency}$ und $t_{SendCycle}$ sind durch die Flow-Anforderungen vorgegeben. $t_{Delivery}$ hängt von der gerade vom Controller betrachteten Route ab. $t_{CycleTime}$ wurde hier entsprechend der oberen Grenze von Formel (3.7) gewählt.

Falls die Anwendung es zulässt, sollten die Flow-Anforderungen daher unter Berücksichtigung von (3.6) gewählt werden, sodass dieser Effizienzverlust nicht auftritt. Eine weitere Alternative ohne Effizienzverlust wäre es, $t_{CycleTime}$ niemals kleiner als $t_{SendCycle}$ zu wählen und für Flows, die (3.6) nicht erfüllen, stattdessen den Zeitpunkt der Datenerzeugung auf die Zeitschlitze abzustimmen, sodass sich die Wartezeit in der Queue verkürzt. Dies würde jedoch eine Anpassung der Anwendung an das Netzwerk erfordern. Da dies nicht immer realisierbar ist, wurde dieses Vorgehen hier nicht weiter in Betracht gezogen. Für Anwendungen mit sehr hohen Anforderungen oder zum Erreichen der bestmöglichen Effizienz sollte diese Möglichkeit jedoch berücksichtigt werden.

<u>Fall B:</u> $t_{SendCycle} \ll t_{MaxLatency} - t_{Delivery}$

Dieser Fall stellt den Extremfall einer sehr hohen $t_{MaxLatency}$ dar. Die Bedingung (3.5) ist bei der Wahl von $t_{CycleTime}$ nach Formel (3.2) hier problemlos erfüllt. Ist $t_{MaxLatency} - t_{Delivery}$ ein Vielfaches von $t_{SendCycle}$, bietet sich allerdings die Möglichkeit, dem Flow nicht für jeden Sendezyklus, sondern nur wesentlich seltener, einen Zeitschlitz zur Verfügung zu stellen ($t_{CycleTime} \gg t_{SendCycle}$). Dieser müsste dann außerdem entsprechend größer dimensioniert werden, um die Daten mehrerer Sendezyklen zu senden. Dieses Verfahren könnte verwendet werden, um den Overhead, der sowohl durch viele kleine Pakete als auch durch viele kleine Zeitschlitze entsteht, zu minimieren (kleine Zeitschlitze besitzen einen höheren Overhead, da zwischen Zeitschlitzen ein Sicherheitsabstand eingehalten werden muss; vgl. Kapitel 3.5.1). Da ein solches Vorgehen jedoch den Jitter stark erhöht, wurde auch diese Möglichkeit nicht weiter berücksichtigt. Stattdessen ist es empfehlenswert, diese Optimierung der Anwendung zu überlassen. Diese kann viele kleine Datenpakete gegebenenfalls selbst zusammenlegen, falls dies sinnvoll ist, und entsprechend optimierte Echtzeitanforderungen gegenüber dem Controller bekanntgeben.

Aus der Betrachtung dieser beiden Sonderfälle können zwei wichtige Formeln abgeleitet werden. Die Zykluszeit wird standardmäßig nach Formel (3.2) gewählt und bei Bedarf zur Erfüllung von Bedingung (3.5) nach Formel (3.7) verkleinert, sodass sich insgesamt folgende Formel zur Wahl von $t_{CycleTime}$ ergibt:

$$t_{CycleTime} = \min(t_{MaxLatency} - t_{Delivery}, t_{SendCycle}) \qquad (3.8)$$

Solange die nach Formel (3.8) ermittelte Zykluszeit nicht kleiner ist als die Zeitschlitzlänge $t_{SlotLength}$, handelt es sich um eine gültige Zeitschlitzkonfiguration für den gerade betrachteten Flow.

Aus den beiden Fällen lässt sich außerdem eine Regel ableiten, die bei der Festlegung von Flow-Anforderungen für eine Anwendung berücksichtigt werden sollte, damit das Kommunikationssystem effizient arbeiten kann. Aus Fall A ergibt sich, dass $t_{MaxLatency}$ so groß gewählt werden sollte, dass Formel (3.6) erfüllt ist, sodass keine ungenutzten Zeitschlitze durch die Wahl von $t_{CycleTime} < t_{SendCycle}$ notwendig werden. Aus Fall B ergibt sich, dass eine Anwendung mit hoher $t_{MaxLatency}$ besser wenige große Zeitschlitze anstatt vieler kleiner Zeitschlitze nutzen sollte. Um eine optimale Effizienz zu ermöglichen sollten beide Sonderfälle vermieden werden und es ergibt sich somit folgende Regel, die bei der Festlegung von Flow-Anforderungen bzw. des Sendeverhaltens der Anwendung berücksichtigt werden sollte:

$$t_{SendCycle} \leq t_{MaxLatency} - t_{Delivery} < 2 * t_{SendCycle} \qquad (3.9)$$

Die rechte Seite der Regel ergibt sich daraus, dass es genau dann, wenn $t_{MaxLatency} - t_{Delivery}$ den Wert $2 * t_{SendCycle}$ überschreitet, möglich wäre, die Daten von zwei Zeitschlitzen stattdessen in einem doppelt so großen Zeitschlitz mit doppelter Zykluszeit zusammenzufassen. Die linke Seite der Regel ergibt sich aus Formel (3.6). Eine Abschätzung von $t_{Delivery}$ basierend auf der Geschwindigkeit und Topologie des vorhandenen Netzwerks ist bei Betrachtung der Regel zur Festlegung von Flow-Anforderungen ausreichend. Außerdem ist zu erwarten, dass es nicht bei allen Anwendungen möglich sein wird, das Sendeverhalten so anzupassen, dass sinnvolle Flow-Anforderungen unter Einhaltung dieser Regel definiert werden können. Hierdurch sinkt jedoch nur die Effizienz des Kommunikationssystems. Die korrekte Funktionsweise ist dennoch gewährleistet.

3.3.4.2 Azyklische und asynchrone Kommunikation

Die bisherige Beschreibung zur Bedeutung der Echtzeitanforderungen bezieht sich nur auf zyklisch sendende Prozesse. Dennoch benötigen spontan sendende azyklische Prozesse keine gesonderte Behandlung vom Controller. Sie können ebenfalls durch einen Flow und passende Echtzeitanforderungen beschrieben werden und erhalten einen zyklischen Zeitschlitz nach Formel (3.8). Bei den Anforderungen hat $t_{MaxLatency}$ die gleiche Bedeutung wie bisher und definiert die maximal zulässige Latenz der Übertragung. Die Parameter $t_{SendCycle}$ und $t_{RequiredSlotLength}$ können dann dazu verwendet werden, um zu beschreiben, wie viele zu sendenden Daten durch den azyklischen Prozess in einem bestimmten Zeitraum maximal erzeugt werden. Dabei legt $t_{SendCycle}$ den betrachteten Zeitraum fest und $t_{RequiredSlotLength}$ gibt an, wie lang der Zeitschlitz sein muss, damit alle in diesem Zeitraum erzeugten Daten gesendet werden können. Bei der Konfiguration des Sendeverhaltens der Anwendung und bei der Definition der Flow-Anforderungen sollte ebenfalls die Regel (3.9) berücksichtigt werden.

Die produzierte Datenmenge durch einen azyklischen Prozess sollte außerdem so stark wie möglich limitiert werden, da entsprechend der gemachten Angaben Netzwerkressourcen reserviert werden, die, auch wenn der azyklische Prozess nichts sendet, nicht für andere Verbindungen zur Verfügung stehen. Überschreitet ein azyklischer Prozess die mittels $t_{SendCycle}$ und $t_{RequiredSlotLength}$ gemachten Angaben zur maximal erzeugten Datenmenge, so werden nicht alle Daten innerhalb von $t_{MaxLatency}$ übertragen.

3.3.4.3 Bidirektionale Kommunikation

Soll auf gesendete Daten eine Antwort durch das Ziel folgen, so muss für die Antwortrichtung ein eigener Flow inklusive passender Anforderungen definiert werden. Die Echtzeitanforderungen für den Flow in Richtung der Anfrage sollen hier mit $t_{MaxLatency1}$, $t_{SendCycle1}$ und $t_{RequiredSlotLength1}$ bezeichnet werden, die Anforderungen für den Flow in Richtung der Antwort mit $t_{MaxLatency2}$, $t_{SendCycle2}$ und $t_{RequiredSlotLength2}$. Die maximale Verarbeitungszeit auf der Anwendungsebene im Ziel wird mit $t_{MaxComputation}$ bezeichnet.

Die Antwort liegt dem Absender einer Anfrage bei einem entsprechend der gegebenen Anforderungen konfigurierten Netzwerk spätestens nach der folgenden Zeit vor:

$$t_{MaxResponseDelay} = t_{MaxLatency1} + t_{MaxComputation} + t_{MaxLatency2} \quad (3.10)$$

Sind die maximal zulässige Antwortzeit $t_{MaxResponseDelay}$ und die maximale Rechenzeit $t_{MaxComputation}$ bekannt und die Anforderungen für die zugehörigen Flows müssen bestimmt werden, so ist es sinnvoll, die für die Kommunikation verbleibende Zeit $t_{MaxResponseDelay} - t_{MaxComputation}$ gleichmäßig auf die beiden Parameter $t_{MaxLatency1}$ und $t_{MaxLatency2}$ aufzuteilen. Die beiden $t_{SendCycle}$-Parameter sollten gleich gewählt werden (Antworten erfolgen genauso oft wie Anfragen) und die $t_{RequiredSlotLength}$-Parameter sind anwendungsabhängig. Im Falle der bidirektionalen Kommunikation ist ein Effizienzverlust durch ungenutzte Zeitschlitze unvermeidbar, sofern erwartet wird, dass eine Antwort vor dem Senden der nächsten Anfrage empfangen wird, da in diesem Fall $t_{MaxResponseDelay} < t_{SendCycle1}$ und damit auch $t_{MaxLatency1} < t_{SendCycle1}$ gelten muss, sodass die Bedingung (3.6) für eine optimale Effizienz nicht mehr erfüllt werden kann.

3.4 Routenfindung und Scheduling

Der Controller muss unter Berücksichtigung der jeweiligen Echtzeitanforderungen und der zur Verfügung stehenden Topologie einen Sendezeitplan für alle benötigten Flows erstellen. Darin inbegriffen ist die Festlegung passender Routen für alle Flows. Die bei der Lösung dieses Problems zu berücksichtigenden Aspekte sollen hier an Hand eines Beispiels gezeigt werden.

Abbildung 8 zeigt die für das Beispiel verwendete Topologie. Folgende Flows werden benötigt (vereinfachte Angabe, vollständige Headerfelder hier nicht relevant):

- Flow A.1: Von **Host A** nach **Host B**
- Flow A.2: Von **Host A** nach **Host D**
- Flow B.1: Von **Host B** nach **Host C**
- Flow D.1: Von **Host D** nach **Host C**

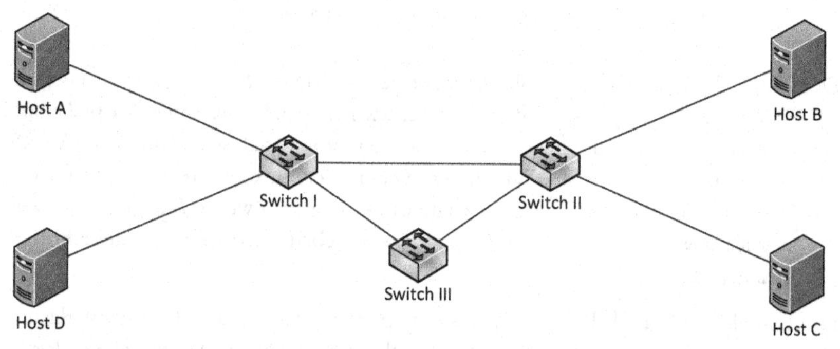

Abbildung 8: Beispieltopologie für Routing und Zeitplanung.

Ein möglicher Link-Belegungsplan für das Beispiel ist in Abbildung 9 gezeigt. Dabei wurde zur Vereinfachung eine einheitliche Zeitschlitzlänge von 1 gewählt. Der gezeigte Belegungsplan stellt nur eine mögliche Lösung dar. In der Abbildung ist ersichtlich, dass die Zykluszeit der Zeitschlitze ($t_{CycleTime}$) 2 beträgt. Der Sendezeitplan für die Hosts ist aus der Abbildung ablesbar: Host B und Host D erhalten die Sendeerlaubnis für Daten der Flows B.1 bzw. D.1 jeweils zu Beginn eines Zyklus, ebenso Host A für Daten des Flows A.1. Daten des Flows A.2 dürfen innerhalb des Zyklus um 1 später gesendet werden. Diese Information ist aus der Belegung der Verbindungen **H***A***S***I*, **H***D***S***I* und **H***B***S***II* ablesbar. Ebenfalls erkennbar ist, dass die zu einer Route gehörenden Verbindungen nicht im gleichen Zeitraum für den jeweiligen Flow reserviert werden. Dies resultiert daraus, dass die Verzögerung durch die vorangegangen Verbindungen berücksichtigt werden muss.

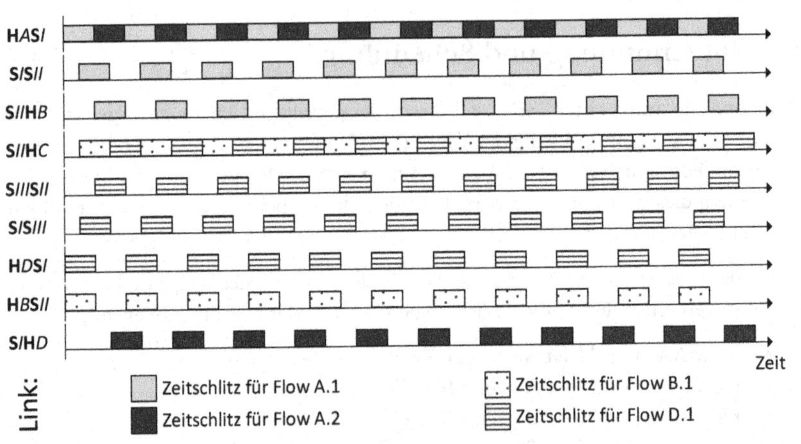

Abbildung 9: Möglicher Link-Belegungsplan für die Beispieltopologie. Namensschema: **H***A***S***I* bezeichnet die Verbindung von Host A nach Switch I.

Der Controller muss dabei sowohl die Kabelverzögerungen $t_{Propagation_i}$ als auch die Switchverzögerungen t_{Switch_i} kennen und berücksichtigen. Im gezeigten Beispiel wurde zur Veranschaulichung für eine durchlaufene Verbindung inklusive Switch eine Verzögerung von 0,5 angenommen. Wie dieser Wert in der Praxis korrekt gesetzt werden kann, wird in Kapitel 5 erklärt. Im gezeigten Belegungsplan wurde $t_{CycleTime}$ so klein wie möglich gewählt. Eine größere $t_{CycleTime}$ wäre ebenfalls denkbar, solange Formel (3.5) eingehalten wird.

Das Erstellen eines Link-Belegungsplans mit optimaler Ausnutzung des Netzwerks und unter Einhaltung der Echtzeitanforderungen aller Flows stellt eine große Herausforderung dar. Es handelt sich zugleich um ein Routing- und ein Scheduling-Problem. Auch aus dem Bereich der allgemeinen Ressourcenzuteilung gibt es viele ähnliche Probleme. Obwohl es sich bei Routing- und Scheduling-Problemen um bereits viel erforschte Probleme handelt, existieren nach bestem Wissen des Autors noch keine (heuristischen) Algorithmen, die bei der hier betrachteten speziellen Kombination aus Routing- und Scheduling-Problem in akzeptabler Zeit zu guten Lösungen führen.

3.4.1 Einfacher Algorithmus

Mangels einer existierenden Lösung zur Erstellung der Link-Belegungspläne wurde im Rahmen dieser Arbeit ein heuristisches Verfahren für diese Aufgabe entwickelt. Es basiert auf Dijkstras *Single Source Shortest Path*-Algorithmus, der um eine zeitliche Komponente erweitert wurde. Die Grundidee ist, dass dem modifizierten Dijkstra-Algorithmus bekannt ist, wann die einzelnen Verbindungen der Topologie durch bereits festgelegte Routen bzw. Flows in Benutzung sind. Wird eine Route für einen weiteren Flow gesucht, so werden nur die noch freien Verbindungen berücksichtigt. Da die noch zur Verfügung stehenden Verbindungen zeitabhängig sind, werden für den neuen Flow unterschiedliche Sendezeitpunkte ausprobiert und unter den gefundenen Routen eine möglichst gute ausgewählt. Die im Dijkstra-Algorithmus verwendeten Kantengewichte wurden im Rahmen dieser Arbeit stets auf 1 gesetzt.

Für die Erklärung des Algorithmus sollen hier zunächst einige Bezeichnungen anhand des Flows A.1 aus dem vorigen Beispiel erläutert werden.

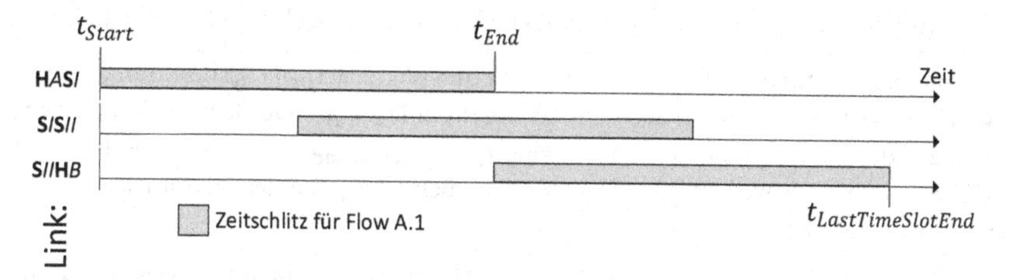

Abbildung 10: Ausschnitt aus Abbildung 9 zur Erläuterung wichtiger Bezeichner.

- t_{Start} bezeichnet den Beginn des Zeitschlitzes am sendenden Host
- t_{End} bezeichnet das Ende des Zeitschlitzes am sendenden Host
- Die Bezeichnung *Sendezeitraum* bezieht sich im Folgenden immer auf den Zeitraum des Sendevorgangs direkt am Quellhost des Flows, also auf den Zeitraum t_{Start} bis t_{End}
- $t_{LastTimeSlotEnd}$ bezeichnet den Endzeitpunkt des Zeitschlitzes an der letzten Verbindung einer Route direkt vor dem Zielhost

Vor der Suche nach einer Route für einen Flow wird dessen Sendezeitraum festgelegt. Zu Beginn wird der Sendezeitraum 0 bis $t_{SlotLength}$ des Flows gewählt. Dann wird der modifizierte Dijkstra-Algorithmus gestartet. Dieser wählt nach dem üblichen Prinzip (siehe Kapitel 2.3) immer wieder einen aktiven Knoten und aktualisiert von diesem ausgehend die Distanzen der Nachbarknoten, bis der Zielknoten erreicht (d.h. als aktiver Knoten ausgewählt) wurde. Das Besondere am modifizierten Algorithmus ist, dass er basierend auf dem Sendezeitraum am Quellhost und der Distanz zum aktiven Knoten berechnet, in welchem Zeitraum die Verbindungen vom aktiven Knoten zu seinen Nachbarknoten für die gesuchte Route genutzt werden sollen. Verbindungen, die zum benötigten Zeitraum bereits durch eine zuvor festgelegte Route eines anderen Flows belegt sind, werden vom Algorithmus nicht verwendet. Der neue Algorithmus verhält sich damit wie der Dijkstra-Algorithmus, bei dem alle zum gerade betrachteten Zeitraum bereits verwendeten Verbindungen aus der Topologie gestrichen wurden.

Diese Art der Routenbestimmung wird mit unterschiedlichen Sendezeiträumen für den gleichen Flow mehrfach wiederholt. t_{Start} und t_{End} werden dabei mit einer benutzerdefinierten Schrittweite angepasst. Von den so ermittelten verschiedenen Routen wird die als beste angesehen, deren Zeitschlitz der letzten genutzten Verbindung am frühsten endet (kleinstes $t_{LastTimeSlotEnd}$). Dabei handelt es sich nicht immer um die Route mit dem frühsten Sendezeitraum, da spätere Routen kürzer sein können. Außerdem ist es möglich, dass mit den frühen Sendezeiträumen überhaupt keine Route zum Ziel gefunden wurde, da die Topologie zu der Zeit bereits durch andere Routen stark ausgelastet ist. Die Suche nach weiteren Routen endet, wenn t_{Start} die aktuell festgelegte Zykluszeit überschreitet, da sich die möglichen Routen ab diesem Zeitpunkt wiederholen. Zu Beginn wird die Zykluszeit mit dem Sendezyklus des ersten betrachteten Flows initialisiert.

Für die beste gefundene Route wird die Übertragungszeit $t_{Delivery}$ bestimmt. Hierzu wird zunächst die Differenz aus dem Sendezeitpunkt t_{Start} und dem Ende des Zeitschlitzes der letzten genutzten Verbindung $t_{LastTimeSlotEnd}$ berechnet. Abschließend müssen noch zwei weitere Verzögerungen berücksichtigt werden, die im Link-Belegungsplan nicht zu sehen sind:

1. Der Zeitraum, in dem ein Empfänger die Daten eines Flows empfängt, stimmt nicht exakt mit dem im Belegungsplan angegebenen Zeitschlitz des Flows für die letzte Verbindung der Route überein, da auch hier noch einmal die Verzögerung durch das Kabel vom letzten durchlaufenen Switch zum Zielhost berücksichtigt werden muss ($t_{Propagation_{N+1}}$ des letzten Kabels).
2. Zusätzliche Verzögerungen durch den Netzwerkstack in Sender und Empfänger (zusammen $t_{Software}$). Wie bereits erwähnt, soll hier vereinfachend angenommen werden, dass die Verzögerung $t_{Software_S}$ im Sender kompensiert werden kann, sodass der im Belegungsplan vorgesehene Zeitschlitz beim Senden eingehalten wird. Zur Berechnung von $t_{Delivery}$ muss $t_{Software}$ jedoch berücksichtigt werden und dementsprechend auch dem Controller bekannt sein.

Formel (3.11) zeigt die vollständige Berechnung von $t_{Delivery}$. Die Berechnung liefert das gleiche Ergebnis wie Formel (2.4) aus Kapitel 2.1.4.

$$\begin{aligned} t_{Delivery} &= t_{LastTimeSlotEnd} - t_{Start} + \\ &\quad t_{Propagation_{N+1}} + t_{Software} \\ &= t_{SlotLength} + t_{Software} + \\ &\quad \sum_{i=1}^{N+1} t_{Propagation_i} + \sum_{i=1}^{N} t_{Switch_i} \end{aligned} \tag{3.11}$$

Anschließend kann nach Formel (3.8) die benötigte Zykluszeit bestimmt werden. Da es sich um einen Algorithmus zur Erstellung eines Sendezeitplans mit einer einzigen, gemeinsamen Zykluszeit für die Zeitschlitze aller Flows handelt, wird immer die kleinste bisher benötigte Zykluszeit gespeichert. Zusätzlich wird das späteste Ende aller Zeitschlitze ($t_{MaxTimeSlotEnd}$, Maximum aller $t_{LastTimeSlotEnd}$) von allen bisherigen Routen gespeichert. Abschließend wird die Einhaltung der Bedingung

$$t_{MaxTimeSlotEnd} \leq t_{MinCycleTime} \tag{3.12}$$

geprüft. Diese garantiert, dass es bei der zyklischen Wiederholung der Zeitschlitze nicht zu Überschneidungen kommt. Kleinere Zykluszeiten, die die Bedingung nicht einhalten, sind möglich, (siehe Abbildung 9, Link **S**//**H**C: $t_{LastTimeSlotEnd}$ des Flows D.1 ist 2,5 und $t_{CycleTime}$ aller Zeitschlitze ist 2), erfordern aber zusätzliche Berechnungen, um zu überprüfen, dass es nicht zu Überschneidungen von Zeitschlitzen kommt. Entsprechende Konfigurationen wurden hier daher ausgeschlossen. Jedes Mal wenn auf diesem Weg und unter Einhaltung von (3.12) eine Route gefunden wurde, werden passende Flow-Einträge in den Switches installiert und dabei zugleich die neue Route in den Belegungsplan aufgenommen. Der entsprechende Algorithmus ist in Code 3 gezeigt.

```
Vorbedingungen
flows ist die Liste der benötigten Echtzeitflows
topology enthält die Topologieinformationen
gegebene Konstanten: STEP_WIDTH_PARAM, SOFTWARE_DELAY, LAST_PROPAGATION_DELAY

Algorithmus
min_cycle_time = flows[0].constraint.send_cycle_us
max_time_slot_end = 0

für jeden flow in flows:
  slot_length = flow.constraint.required_slot_length_us
  start = 0
  end   = slot_length

  solange start < min_cycle_time:
    route = time_aware_dijkstra(flow, start, end, topology)
    falls route nicht undefiniert:
      falls flow.route undefiniert
            oder route.last_time_slot_end < flow.route.last_time_slot_end:
        flow.route = route
        flow.start = start
        flow.end   = end
    start += STEP_WIDTH_PARAM
    end   += STEP_WIDTH_PARAM

  falls flow.route nicht undefiniert:
    delivery_time = flow.route.last_time_slot_end - flow.start
                  + SOFTWARE_DELAY + LAST_PROPAGATION_DELAY
    cycle_time    = min(flow.constraint.max_latency_us - delivery_time,
                        flow.constraint.send_cycle_us)
    min_cycle_time    = min(min_cycle_time, cycle_time)
    max_time_slot_end = max(flow.route.last_time_slot_end, max_time_slot_end)
    falls max_time_slot_end > min_cycle_time:
      Fehlerausgabe: Belegungsplan kann nicht erstellt werden
      exit()
    flow.route.install()

  sonst:
    Fehlerausgabe: Belegungsplan kann nicht erstellt werden
    exit()

für jeden flow in flows:
  flow.cycle_time = min_cycle_time
```

Code 3: Algorithmus zur Bestimmung eines Sendezeitplans unter Nutzung eines modifizierten Dijkstra-Algorithmus.

Das Vorgehen soll an einem einfachen Beispiel gezeigt werden. Die hierfür verwendete Topologie ist in Abbildung 11 gezeigt.

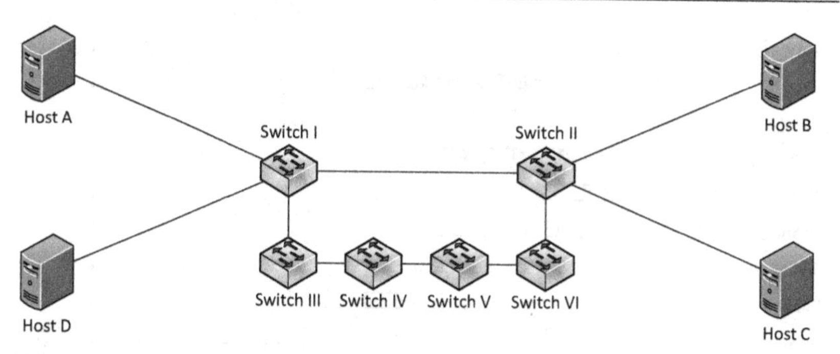

Abbildung 11: Beispieltopologie für den einfachen Algorithmus zur Routen- und Zeitplanung.

Für folgende zwei Flows soll ein Sendezeitplan erstellt werden:

- Flow A: Von **Host A** nach **Host B**, Zeitschlitzlänge 1, Sendezyklus 3, maximale Latenz 5
- Flow D: Von **Host D** nach **Host C**, Zeitschlitzlänge 1, Sendezyklus 3, maximale Latenz 5

Auch hier soll die Verzögerung pro Switch 0,5 betragen. Die Schrittweite für den verwendeten Sendezeitraum soll 1 betragen. Die Route für Flow A wird zuerst bestimmt und es wird daher schon beim ersten Durchlauf des modifizierten Dijkstra-Algorithmus die optimale Route gefunden. Die folgenden Durchläufe mit späterem Sendezeitraum bringen keine Verbesserung. Für Flow D kann die Verbindung **S***I***S***II* bei verwendetem Sendezeitraum 0 bis 1 nicht genutzt werden, da die Verbindung dann im Zeitraum 0,5 bis 1,5 benötigt wird, in dem sie bereits durch Flow A belegt ist (siehe Abbildung 12). Stattdessen wird die wesentlich längere Route über die Switches III-VI gewählt. Im Falle des Sendezeitraums 1 bis 2 steht die kürzere Route wieder zur Verfügung, da es bei der Verbindung **S***I***S***II* nicht mehr zu einem Konflikt mit der Route des Flows A kommt. Der Unterschied in der Routenlänge ist in diesem Fall so groß, dass die zweite Route trotz eines späteren Startzeitpunkts die Kommunikation auf der letzten genutzten Verbindung (**S***II***H***C*) früher beenden kann (vgl. $t_{LastTimeSlotEnd1}$ und $t_{LastTimeSlotEnd2}$ in Abbildung 12). Daher wird diese Route als besser beurteilt und verwendet.

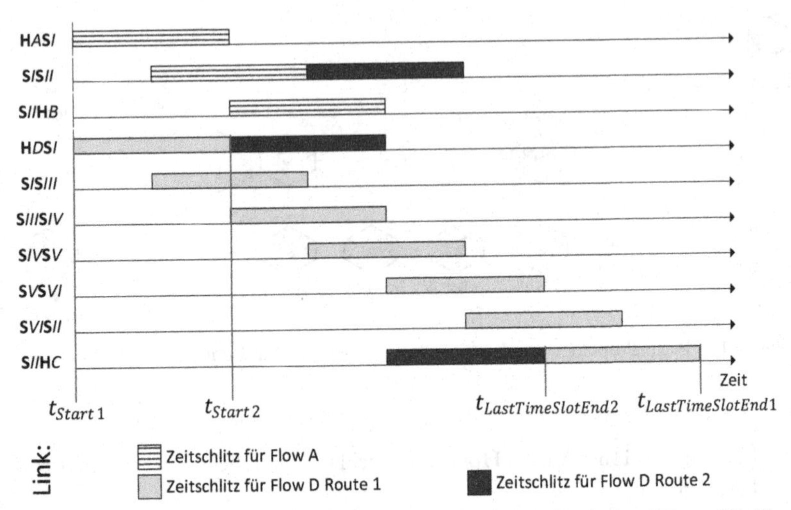

Abbildung 12: In der Beispieltopologie durch den Algorithmus bestimmte Routen. Für Flow D sind die wichtigsten Parameter der unterschiedlichen Routen markiert.

Unter Vernachlässigung von Software- und Kabelverzögerungen beträgt $t_{Delivery}$ für beide Flows 2. Die vom Algorithmus ermittelte Zykluszeit (vgl. Formel (3.8)) beträgt 3 und kann da die Bedingung (3.12) erfüllt ist auch problemlos eingehalten werden. Mit der ersten Route für Flow D wäre die Einhaltung von (3.12) nicht gegeben (Parameter für Flow D Route 1: $t_{Delivery} = 4$, $t_{CycleTime} = 1$, $t_{LastTimeSlotEnd} = 4$) und der Algorithmus würde den Belegungsplan nicht akzeptieren.

Hierzu muss angemerkt werden, dass es auch mit der ersten Route von Flow D möglich gewesen wäre, die maximale zulässige Latenz einzuhalten, indem eine Zykluszeit von 1 gewählt wird. Dies ist ein weiteres Beispiel dafür, dass funktionierende Belegungspläne ohne die Einhaltung von Bedingung (3.12) möglich sind. Dennoch ist es sinnvoll, dass der vorgestellte Algorithmus kürzere Routen bevorzugt. Dies wird auch daran deutlich, dass die Gesamtauslastung der Verbindungen im Netzwerk bei der Verwendung der kürzeren Route und der dreifachen Zykluszeit wesentlich geringer ist, wodurch mehr Möglichkeiten zur Aufnahme weiterer Flows gegeben sind.

3.4.2 Optimierungen zur Effizienzverbesserung und Jitterreduzierung

Der beschriebene Algorithmus bietet zwei wichtige Optimierungsmöglichkeiten. Die erste Optimierung verbessert die Effizienz und Flexibilität des Netzwerks deutlich, indem unterschiedliche Zykluszeiten für die einzelnen Flows zugelassen werden. Die zweite Optimierung nutzt die unterschiedlichen Zykluszeiten, um den Jitter der Datenübertragung zu reduzieren.

3.4.2.1 Unterstützung unterschiedlicher Zykluszeiten

Wenn alle Zeitschlitze die gleiche Zykluszeit verwenden, bedeutet dies einen großen Effizienzverlust bei sich stark unterscheidenden Echtzeitanforderungen der Flows. Besitzt ein Flow besonders hohe Anforderungen und eine dementsprechend kurze Zykluszeit seines Zeitschlitzes, so erhalten alle anderen Zeitschlitze im gesamten Netzwerk ebenfalls diese kurze Zykluszeit, auch wenn die zugehörigen Flows einen Großteil der reservierten Sendezeit nicht nutzen. Durch die Unterstützung unterschiedlicher Zykluszeiten wird diese ungenutzte Reservierung vermieden und es steht mehr Sendezeit für weitere Flows zur Verfügung. Abbildung 13 veranschaulicht die Verwendung unterschiedlicher Zykluszeiten anhand der Zeitschlitzbelegung von zwei Verbindungen.

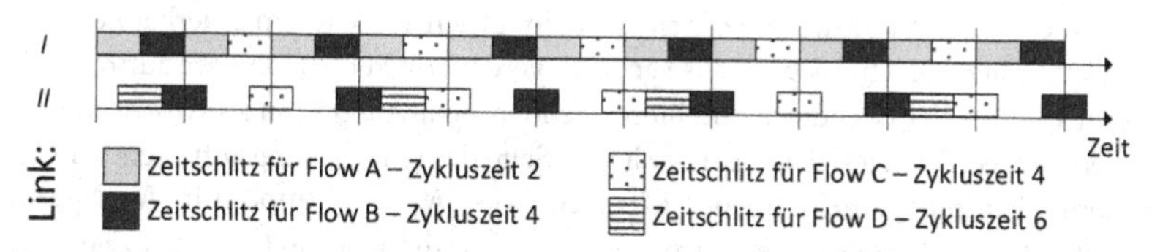

Abbildung 13: Beliebig gewähltes Beispiel zur Veranschaulichung unterschiedlicher Zykluszeiten.

Im Folgenden werden zwei Kriterien beschrieben, die eingehalten werden müssen, um bei einer solchen Zeitschlitzbelegung Überschneidungen der Zeitschlitze zu vermeiden.

Zunächst wird eine Basiszykluszeit $t_{BaseCycle}$ festgelegt. Alle verwendeten Zykluszeiten müssen ein ganzzahliges Vielfaches der Basiszykluszeit sein (Kriterium 1). Das Beispiel in Abbildung 13 besitzt die Basiszykluszeit 2. Die Verwendung von ganzzahligen Vielfachen der Basiszykluszeit als Zykluszeit der Zeitschlitze führt dazu, dass die Ausrichtung der Zeitschlitze bei einer bestimmten Verbindung innerhalb des Basiszyklus immer gleich ist. Betrachtet man Link I des Beispiels, so liegt der Zeitschlitz für Flow A immer exakt in der ersten Hälfte des Basiszyklus. Flow B und Flow C nutzen die zweite Hälfte des Basiszyklus. Da ihre Zykluszeiten dem zweifachen Basiszyklus entsprechen, kann ein Flow jeweils alle geraden Basiszyklen nutzen, während der andere alle ungeraden Basiszyklen nutzt.

Basierend auf den Basiszyklen kann das zweite Kriterium definiert werden. Nutzen zwei Zeitschlitze den gleichen Zeitraum innerhalb des Basiszyklus (wie die Zeitschlitze von Flow B und Flow C), so muss sichergestellt werden, dass sie nie im gleichen Basiszyklus liegen. Im Beispiel ist dies sichergestellt, da beide Zeitschlitze die gleiche Zykluszeit besitzen, aber in unterschiedlichen Basiszyklen erstmalig auftreten (Zeitschlitz für Flow B in Basiszyklus 1, Zeitschlitz für Flow C in Basiszyklus 2). Allgemein ist folgendes Vorgehen notwendig, um zu überprüfen, ob die Zeitschlitze zweier Flows niemals im gleichen Basiszyklus liegen:

1. Definiere die Zykluszeit in Bezug auf die Basiszykluszeit für beide Zeitschlitze:

$$\frac{t_{CycleTime1}}{t_{BaseCycle}} = N_1 \qquad \frac{t_{CycleTime2}}{t_{BaseCycle}} = N_2$$

2. Die Basiszyklusnummern des erstmaligen Auftretens werden mit S_1 und S_2 bezeichnet.
3. Die notwendige und hinreichende Bedingung, damit die Zeitschlitze der beiden Flows niemals im gleichen Basiszyklus auftreten, lautet:

$$(n * |N_1 - N_2|)\ mod\ \min(N_1, N_2) \neq |S_1 - S_2|\ mod\ \min(N_1, N_2) \quad \forall n \in \mathbb{N}$$

Sollen mehr als zwei Flows einen Zeitschlitz im gleichen Zeitraum innerhalb eines Basiszyklus besitzen, so muss paarweise geprüft werden, ob keine Konflikte auftreten. Die Überprüfung der notwendigen und hinreichenden Bedingung kann als Algorithmus implementiert werden, da sich die auf der linken Seite der Ungleichung auftretenden Werte ab dem kleinsten gemeinsamen Vielfachen von $|N_1 - N_2|\ mod \min(N_1, N_2)$ und $\min(N_1, N_2)$ wiederholen. Der entsprechende Algorithmus ist in Code 4 gezeigt.

```
x = 0
m = min(N1, N2)
d = |N1 − N2| mod m
s = |S1 − S2| mod m
do {
    if (x == s) {
        False //Konflikt gefunden
    }
    x = (x + d) mod m
} until x == 0
True //keine Konflikte gefunden
```

Code 4: Algorithmus zur Überprüfung der Konfliktfreiheit von Zeitschlitzen.

Bei der Nutzung unterschiedlicher Zykluszeiten je Flow ist die Gesamtzykluszeit, nach der sich der Kommunikationsablauf vollständig wiederholt, das kleinste gemeinsame Vielfache aller auftretenden Zykluszeiten.

3.4.2.2 Eliminierung von Jitter

Die Jitterbetrachtung bezieht sich hier nur auf den Jitter, der entsteht, wenn bei jedem Sendevorgang unterschiedlich lange auf den Zeitschlitz gewartet werden muss (veränderliches t_{Queue}). Der in der Regel wesentlich kleinere Jitter durch schwankende Software- und Switchverzögerungen ist von den jeweiligen Endgeräte- und Switch-Implementierungen abhängig und wird hier nicht betrachtet.

Das Senden von Daten innerhalb von Zeitschlitzen erzeugt keinen Jitter bei der Übertragungsverzögerung, sofern die Daten der Anwendung in exakt gleichen Abständen zum Senden bereit stehen und Formel (3.2) erfüllt ist (Sendezyklus der Anwendung entspricht der Zykluszeit des Zeitschlitzes). Muss $t_{CycleTime}$ zur Einhaltung der maximal zulässigen Latenz verringert werden (Formel (3.8) bzw. (3.5)), so verursacht das Senden nach dem Zeitschlitzverfahren im Allgemeinen Jitter. Dieser entsteht, da sich die Wartezeit auf den Zeitschlitz (t_{Queue}) für jeden Sendezyklus der Anwendung ändert. Abbildung 7 zeigt eine entsprechende Zeitschlitzkonfiguration. Auf diese Weise verursachter Jitter kann durch Einhaltung von

$$n * t_{CycleTime} = t_{SendCycle}, n \in \mathbb{N} \quad (3.13)$$

vermieden werden. Abbildung 14 zeigt eine Zeitschlitzkonfiguration, die Jitter durch Berücksichtigung dieser Bedingung vermeidet.

Für azyklische oder nicht in gleichmäßigen Abständen sendende Prozesse kann Jitter in der Übertragungslatenz bei fest vorgegebenen Zeitschlitzen nicht auf direkte Weise verhindert werden. Die einzige Möglichkeit zur Jitterreduzierung ist in dem Fall, $t_{CycleTime}$ kleiner zu wählen, da $t_{CycleTime}$ die Wartezeit auf den Zeitschlitz und somit auch den maximal möglichen Jitter begrenzt. Diese Methode der Jitterreduzierung ist jedoch wesentlich ineffektiver und ineffizienter als die Jitterreduzierung für exakt zyklisch sendende Anwendungen durch Einhaltung von (3.13) und wurde daher im Rahmen dieser Arbeit nicht angewendet.

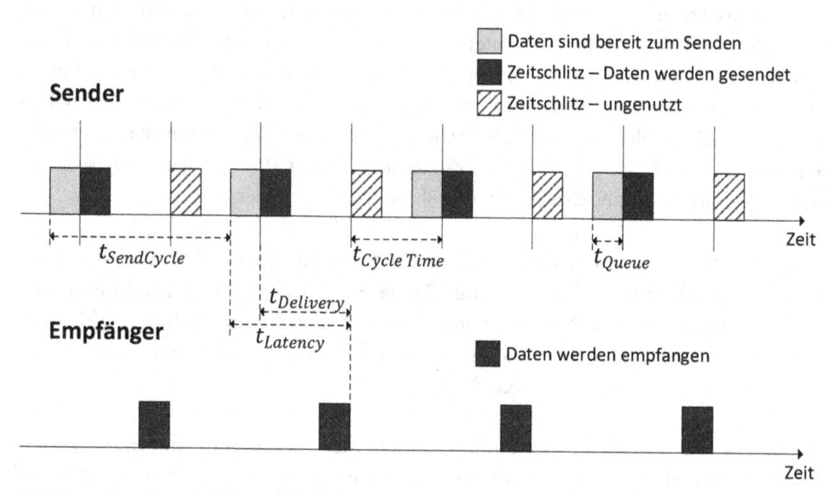

Abbildung 14: Jitterfreie Zeitschlitzkonfiguration mit $t_{SendCycle} \neq t_{CycleTime}$.

Der Nachteil bei der Jitterreduktion besteht darin, dass eine Einschränkung der zulässigen Zykluszeiten vorgenommen wird, was unter Umständen zu einer Verschlechterung der gefundenen Belegungspläne führen kann. Daher sollte diese Maßnahme nur getroffen werden, wenn die Anwendung von geringem Jitter profitiert.

3.4.3 Algorithmus mit Optimierungen

Beide Optimierungen wurden in einem erweiterten Algorithmus realisiert. Dieser basiert auf dem vorgestellten einfachen Algorithmus und besitzt daher den gleichen grundlegenden Ablauf. Auch hier werden unterschiedliche Startparameter gewählt und nach einer Route für den aktuellen Flow gesucht. Neu hinzugekommen ist die Ausrichtung aller Zeitschlitze entsprechend der in Kapitel 3.4.2.1 beschriebenen Basiszyklen. Für eine Verbindung bereits belegte Zeiträume werden in Form von Startzyklus (Basiszyklus des ersten Auftretens des Zeitschlitzes), Zykluszeit und der innerhalb des Basiszyklus eingenommenen Zeit gespeichert (vgl. Kapitel 3.4.2.1). Für die Routensuche wurde auch hier wieder ein modifizierter Dijkstra-Algorithmus verwendet, der diese Information über die bereits belegten Zeiträume einer Verbindung nutzt, um nur Verbindungen in eine Route aufzunehmen, die zum geplanten Nutzungszeitraum nicht bereits in Verwendung sind. Die Überprüfung, ob eine Verbindung zum geplanten Nutzungszeitraum zur Verfügung steht, erfolgt hierbei in zwei Schritten. Zuerst wird bestimmt, in welchem Zeitraum innerhalb des Basiszyklus die Verbindung von der neuen Route benötigt wird und ob dieser Zeitraum bereits von anderen Routen genutzt wird. Sofern dies der Fall ist, wird zusätzlich der Algorithmus aus Code 4 ausgeführt, um zu überprüfen, ob die Startzyklen und Zykluszeiten der unterschiedlichen Nutzer kompatibel sind. Auch hier werden die Verzögerungen durch Switches berücksichtigt und spätere Verbindungen der Route entsprechend gegenüber dem Sendezeitraum am Host verschoben. Überschreitet ein Zeitschlitz die Grenze zwischen zwei Basiszyklen, so kann sein Nutzungszeitraum auf zwei Basiszyklen verteilt beschrieben werden. Auf die gleiche Weise lassen sich auch Zeitschlitze angeben, die länger als ein Basiszyklus sind.

Beispiel Die Basiszykluszeit beträgt 1 und ein Zeitschlitz mit der Zykluszeit 8 soll für eine Verbindung den Zeitraum 3,6 bis 5,2 einnehmen. Dies kann formuliert werden als eine Nutzung von (Startzyklus 4; Zeitraum 0,6 bis 1; Zykluszeit 8), (Startzyklus 5; Zeitraum 0 bis 1; Zykluszeit 8) und (Startzyklus 6; Zeitraum 0 bis 0,2; Zykluszeit 8)

Wie bereits erwähnt, wird dieser modifizierte Dijkstra-Algorithmus wiederholt mit unterschiedlichen Startparametern ausgeführt. Zunächst wird eine Zykluszeit gewählt. Auf Grund der noch unbekannten Route wird ein $t_{Delivery}$ von 0 angenommen und die größte Zykluszeit gewählt, die sowohl Formel (3.5) als auch (3.13) erfüllt und zusätzlich ein ganzzahliges Vielfaches der Basiszykluszeit ist. Dann wird der modifizierte

Dijkstra-Algorithmus mit unterschiedlichen Werten für den Startzyklus und die Startzeit innerhalb des Basiszyklus ausgeführt und unter allen gefundenen Routen die kürzeste ausgewählt. Wurde auf diesem Weg eine Route gefunden, muss überprüft werden ob (3.5) mit dem jetzt bekannten $t_{Delivery}$ (vgl. Formel (3.11)) noch erfüllt ist. Ist dies der Fall, so kann die Route in den Switches installiert werden und die Zeitschlitze mit den zu dieser Route gehörenden Startparametern (Startzyklus und Startzeit innerhalb des Basiszyklus) in den Belegungsplan aufgenommen werden. Falls die Formel (3.5) mit dieser Route nicht erfüllt werden kann, wird die nächst kleinere Zykluszeit unter Einhaltung von (3.13) ausgewählt und erneut mit unterschiedlichen Startparametern nach der kürzesten Route gesucht. Dieser Vorgang wird solange wiederholt, bis in einem Durchlauf mit den unterschiedlichen Startparametern überhaupt keine konfliktfreie Route zum Ziel gefunden werden konnte, was auf Grund der steigenden Anforderungen durch die kürzere Zykluszeit passieren kann, oder eine zulässige Route (Einhaltung von (3.5)) gefunden wurde.

Das Ziel dieses Vorgehens ist es, insgesamt eine möglichst kurze Route unter Verwendung einer möglichst großen Zykluszeit zu finden, da so die meisten Ressourcen für weitere Routen übrig bleiben. Die Suche wird abgebrochen, wenn für eine Zykluszeit keine Route gefunden wurde, da es unwahrscheinlich ist, dass für noch kleinere Zykluszeiten und damit noch höheren Anforderungen im Folgenden noch eine Route gefunden werden kann. Code 5 zeigt den gesamten erweiterten Algorithmus.

Vorbedingungen

flows ist die Liste der benötigten Echtzeitflows
topology enthält die Topologieinformationen
gegebene Konstanten: STEP_WIDTH, BASE_CYCLE_TIME,
SOFTWARE_DELAY, LAST_PROPAGATION_DELAY

Algorithmus

```
für jeden flow in flows:
  slot_length     = flow.constraint.required_slot_length_us
  flow.cycle_time = flow.constraint.max_latency_us

  solange flow.route undefiniert:
    flow.cycle_time = next_cycle_time_without_jitter(
                                          flow.constraint.send_cycle_us,
                                          BASE_CYCLE_TIME, flow.cycle_time)

    falls flow.cycle_time < slot_length: beende Schleife
    ct = flow.cycle_time / BASE_CYCLE_TIME
    für jeden start_cycle von 0 bis (ct - 1) mit Schrittweite 1:
      für jede start_time von 0 bis (BASE_CYCLE_TIME - STEP_WIDTH)
                        mit Schrittweite STEP_WIDTH:
        end_time = start_time + slot_length
        route = base_cycle_aware_dijkstra(start_time, end_time,
                                          start_cycle, ct, topology)

        falls route nicht undefiniert:
          falls flow.route undefiniert oder route.length < flow.route.length:
            flow.route        = route
            flow.start        = start_time
            flow.end          = end_time
            flow.start_cycle  = start_cycle

    falls flow.route undefiniert: beende Schleife
    delivery_time = flow.route.last_time_slot_end - flow.start
                  + SOFTWARE_DELAY + LAST_PROPAGATION_DELAY
    falls flow.constraint.max_latency_us - delivery_time < flow.cycle_time:
      flow.route = undefiniert

  falls flow.route nicht undefiniert:
    flow.route.install()
  sonst:
    Fehlerausgabe: Belegungsplan kann nicht erstellt werden
    exit()
```

Hinweise

next cycle time without jitter (p1, p2, p3) ist eine Funktion, die $t_{SendCycle}$ als ersten und $t_{BaseCycle}$ als zweiten Parameter erwartet. Sie bestimmt eine Zykluszeit, die ein ganzzahliges Vielfaches von $t_{BaseCycle}$ ist und zusätzlich durch Einhaltung von (3.13) eine jitterfreie Kommunikation ermöglicht. Der dritte Parameter dient als zusätzliche Einschränkung: Die neu bestimmte Zykluszeit muss kleiner sein als p3. Durch den wiederholten Aufruf der Funktion, wie im Algorithmus gezeigt, können dann der Reihe nach die zulässigen jitterfreien Zykluszeiten durchlaufen werden, beginnend bei der größtmöglichen Zykluszeit. Können nicht alle Bedingungen eingehalten werden, so wird der gesamte Algorithmus erfolglos abgebrochen.
base cycle aware dijkstra überprüft die Kompatibilität von vergebenen Zeitschlitzen so, wie in Kapitel 3.4.2.1 beschrieben: Zeitschlitze auf dem gleichen Link müssen entweder unterschiedliche Zeiträume im Basiszyklus einnehmen oder dürfen nie im gleichen Basiszyklus vorkommen.
Im Gegensatz zur Beschreibung im Text beginnt die Zählung der Basiszyklen im Algorithmus bei 0 und nicht bei 1.

Code 5: Erweiterter Algorithmus zur Bestimmung eines Sendezeitplans mit unterschiedlichen Zykluszeiten unter Nutzung eines modifizierten Dijkstra-Algorithmus, der Startzyklus und Zykluszeit zur Überprüfung der konfliktfreien Nutzung von Verbindungen verwendet.

3.4.4 Übermittlung des Sendezeitplans an die Endgeräte

Nach der Routen- und Zeitplanung wird der Sendezeitplan den Hosts in Form von JSON-Objekten übermittelt. Diese enthalten nicht den vollständigen Sendezeitplan des gesamten Netzwerkes, sondern nur die Zeitschlitzkonfiguration des jeweiligen Endgeräts. Der vorgesehene Aufbau dieser JSON-Objekte ist in Code 6 zu sehen.

```
{
  "targets" : [
    {
      //notwendige Einträge
      "nw_dst" : "Netzwerkadresse als String (z.B. '192.168.100.131')"
      "dl_dst" : "MAC-Adresse als String (z.B. '02:00:00:a3:24:f5')"
      "flows" : [
        {
          "start_us"      : int
          "end_us"        : int
          "cycle_time_us" : int

          //optional
          "nw_proto" : int
          "tp_src"   : int
          "tp_dst"   : int
        },
        {
          //... weiterer Flow ...
        }
      ]

      //nur im nichtstatischen Modus und optional
      "name_dst" : "unique_name"
    },
    {
      //... weiteres Ziel ...
    }
  ]
}
```

Code 6: JSON-Objektformat zur Übermittlung der Zeitschlitzkonfiguration an einen Host.

Die Hosts passen ihr Sendeverhalten an die im JSON-Objekt enthaltenen Vorgaben des Controllers an. Für jeden anderen Host im Netzwerk, dem der gerade angesprochene Host Daten senden muss, ist ein Eintrag in der „targets"-Liste der Nachricht enthalten. Für jedes Target gibt es wiederum eine Liste mit den Flows zu diesem Target. Für jeden Flow sind die Adressinformationen der Transportschicht angegeben (sofern es sich nicht um einen allgemeineren Flow handelt), sowie die Start-, End- und Zykluszeit des Zeitschlitzes, während dem der Host Daten dieses Flows senden darf. Auch hier können mehrere JSON-Objekte versendet werden, falls die Konfigurationsinformationen zu groß für ein einzelnes UDP-Paket sind.

Von besonderer Bedeutung ist hier außerdem die Übertragung der IP- und MAC-Adressen der Ziele an die sendenden Hosts. Diese Information muss von den Hosts dazu genutzt werden, statische Einträge in ihrer ARP-Tabelle anzulegen. Dies ist notwendig, damit während der später folgenden Echtzeitkommunikation keine ARP-Anfragen generiert werden. Auf diesem Weg sorgt der Controller also für eine Adressauflösung für alle Netzwerkteilnehmer, die später miteinander kommunizieren müssen.

3.5 Synchronisierung und Queue

Zur Unterstützung eines Zeitschlitzverfahrens, welches ohne Tokenweitergabe oder andere zentral gesteuerte Signale zur Erteilung der Sendeerlaubnis arbeitet, müssen die Uhren der angeschlossenen Endgeräte synchronisiert werden. Dann kann jedes Gerät selbst feststellen, wann es sich innerhalb eines Zeitschlitzes für einen bestimmten Flow befindet. Außerdem benötigt es eine Queue, die die zu sendenden Pakete bis zum Erreichen des passenden Zeitschlitzes zwischenspeichert.

3.5.1 Synchronisierung und zeitliche Auflösung

Der im Rahmen dieser Arbeit verwendete Synchronisierungsmechanismus benötigt keine zusätzliche zentrale Instanz zur Synchronisierung, sondern arbeitet vollständig zwischen den zu synchronisierenden Endgeräten. Ein durch einen Trigger angestoßenes Endgerät (Master) synchronisiert alle anderen Endgeräte (Slaves). Die Systemzeit des Masters wird als Referenzzeit $t_{Reference}$ bezeichnet. Die folgenden Schritte müssen zur Synchronisation für jedes Endgerät ausgeführt werden:

1. Messung der Round Trip Time (RTT) zwischen Master und Slave
2. Master sendet $t_{Reference} + RTT/2$ an Slave (zum Empfangszeitpunkt der Nachricht im Slave liegt dann genau diese gesendete Zeit auch im Master vor)
3. Slave setzt Systemzeit auf die vom Master erhaltene Zeit

Damit die Uhren auf diesem Weg korrekt konfiguriert werden, muss die RTT-Messung zwischen den beiden Endgeräten symmetrische Routen verwenden und das Senden der einzustellenden Zeit vom Master an das andere Endgerät muss die gleiche Route verwenden wie die RTT-Messung. Entsprechende Routen werden vom SDN-Controller daher vor dem Beginn der Synchronisierung zusätzlich zu den Routen der Echtzeit-Flows in den Switches installiert. Da die gesamte Kommunikation des Synchronisierungsmechanismus den gleichen UDP-Port (hier: 5983) nutzt, können dazu passende Flows verwendet werden, um die Routen der Synchronisierung auf einfache Weise von den Routen der Echtzeit-Flows zu trennen. Der Trigger für den Start der Synchronisierung wird nach der Installation der Routen vom SDN-Controller versendet. Das Ziel des Triggers ist beliebig, da alle Endgeräte die gleiche Implementierung des Synchronisierungsmechanismus verwenden und daher als Master eingesetzt werden können.

Die Genauigkeit der Synchronisierung wird durch die Auflösung der Uhren der Endgeräte begrenzt. Die dadurch auftretenden Fehler sollen anhand von zwei Beispielen erläutert werden, wobei die zeitliche Auflösung der Uhren in beiden Fällen 10 µs betragen soll. Der Zählerstand der Uhren wird in der Einheit *Ticks* angegeben (hier: 1 Tick = 10 µs).

<u>*Beispiel 1*</u> Abbildung 15 zeigt eine RTT-Messung, bei der die tatsächliche RTT 11 µs beträgt. Der Zählerstand der Uhr hat sich jedoch um 2 Ticks verändert, was einer Zeit von 20 µs entspricht. Der Fehler kann je nach Lage der Messpunkte (Beginn und Ende der Messung) sowohl positiv als auch negativ sein und beträgt maximal einen Tick. Diese Art von Fehlern kann bei jeder digitalen Messung auftreten.

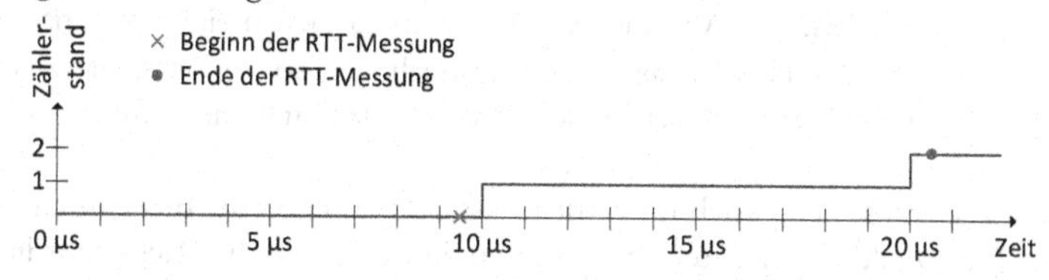

Abbildung 15: Ungenauigkeit bei der RTT-Messung (gemessene RTT zu groß).

<u>*Beispiel 2*</u> Die zweite Art von Fehlern im Zusammenhang mit der Auflösung der Uhren wird dadurch verursacht, dass die Uhren unterschiedlicher Geräte nicht zur gleichen Zeit durch ihre jeweiligen Hardware-Timer weitergezählt werden. Dies kann beim Senden von $t_{Reference} + RTT/2$ vom Master an die anderen Endgeräte nicht kompensiert werden.

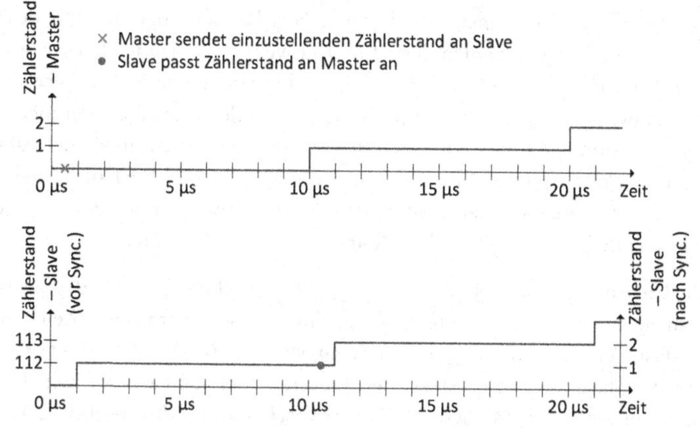

Abbildung 16: Ungenauigkeit beim Angleichen der Zählerstände.

Abbildung 16 veranschaulicht dieses Problem. Im gezeigten Szenario hat der Master einen niedrigeren Zählerstand, da er z.B. später gestartet wurde. Die tatsächliche RTT soll hier genau 20 µs betragen und bei der Messung korrekt mit 2 Ticks bestimmt worden sein, sodass der Master einen einzustellenden Zählerstand sendet, der genau um 1 Tick über seinem aktuellen Zählerstand liegt. Direkt nach der markierten Korrektur des Zählerstandes im Slave zählt dieser um 1 Tick hoch. Gegenüber der Referenzzeit geschieht dies hier um 9 µs zu früh. Auch hier kann die Abweichung in beide Richtungen auftreten und maximal einen Tick betragen. An dieser Stelle sei angemerkt, dass die Zeitabweichung zwischen zwei Endgeräten demnach nicht nur eine ganzzahlige Anzahl an Ticks betragen kann, da die Zeitabweichung nicht den aktuellen Unterschied der Zählerstände bezeichnet, sondern den Abstand zwischen dem Erreichen eines bestimmten Zählerstandes. Hier beträgt die Zeitabweichung also 0,9 Ticks, was zu einem momentanen Unterschied der Zählerstände von 0 oder 1 führt.

Zusätzlich muss berücksichtigt werden, dass der Master bei der Berechnung von $RTT/2$ eine Ganzzahldivision durchführt, bei der ein Fehler von 0,5 Ticks (nur in eine Richtung) auftreten kann. Gleichzeitig wird die Auswirkung des in Beispiel 1 erläuterten Fehlers bei der RTT-Messung jedoch auch halbiert. Insgesamt kann die Abweichung eines synchronisierten Knotens daher -2 bis +1,5 Ticks betragen (±0,5 durch RTT-Messung, ±1 durch Lage des Zählvorgangs, -0,5 durch Ganzzahldivision).

Nach der Synchronisierung ist zu beobachten, dass die Endgeräte bereits nach kurzer Zeit wieder stark unterschiedliche Zählerstände aufweisen. Die Abweichungen sind bereits nach einigen Sekunden so groß, dass die vorgesehenen Zeitschlitze nicht mehr eingehalten werden können. Die Ursache liegt bei der Ungenauigkeit des Taktgebers, welcher für das Weiterzählen der Systemzeit verantwortlich ist. Dieser hat im Rahmen seiner Spezifikation einen Toleranzbereich, in dem er von der vorgesehenen Taktfrequenz abweichen kann. Die Abweichung ist von der Umgebungstemperatur, der Versorgungsspannung und dem Alter des Bauteils abhängig, aber auch unter gleichen Bedingungen weisen die Taktgeber mehrerer Endgeräte leichte Unterschiede in der Frequenz auf. Diese Frequenzunterschiede müssen kompensiert werden, um die Systemzeit vieler Geräte über einen längeren Zeitraum synchron zu halten.

Zur Realisierung einer solchen Kompensation speichert ein Slave den Zeitpunkt seiner erstmaligen Synchronisation ($t_{SyncTime}$). Anschließend wird einige Zeit gewartet, bevor der Master erneut $t_{Reference} + RTT/2$ an den Slave sendet. Bei Erhalt dieser Nachricht kann der Slave aus der entstandenen Differenz der Zählerstände seit der erstmaligen Synchronisation das Frequenzverhältnis zwischen sich selbst und dem Master berechnen:

$$d = \frac{f_{Master}}{f_{Slave}} = \frac{t_{Reference} - t_{SyncTime}}{t_{Slave} - t_{SyncTime}} \quad (3.14)$$

Die beiden bereits erklärten Fehler durch die begrenzte zeitliche Auflösung beeinflussen auch die Kompensation der Frequenzunterschiede negativ, da hierdurch die Werte in Formel (3.14) fehlerbehaftet sind. Der dadurch entstehende relative Fehler für das Frequenzverhältnis d sinkt jedoch, je länger zwischen erstmaliger Synchronisation und Frequenzkompensation gewartet wird, sodass dieser Fehler im restlichen Teil der Arbeit vernachlässigt werden konnte. Ist das Frequenzverhältnis bekannt, so kann ein Slave die Referenzzeit aus seinem eigenen Zählerstand mit einer linearen Funktion berechnen:

$$t_{Reference} = \lfloor d * (t_{Slave} - t_{SyncTime}) \rfloor + t_{SyncTime} \quad (3.15)$$

Diese Art der Kompensation wird für alle Slaves ausgeführt. Nachdem das Frequenzverhältnis zwischen dem Master und einem Slave berechnet wurde, sind Synchronisierung und Kompensation für diesen Slave abgeschlossen. Der Slave muss daraufhin noch eine kurze Zeit warten, bevor er allen laufenden Anwendungen signalisiert, dass der Startvorgang abgeschlossen ist und die Echtzeitkommunikation beginnen kann. Die Wartezeit ist notwendig, um sicherzustellen, dass vor dem Beginn der Echtzeitkommunikation auch alle anderen Slaves synchronisiert wurden.

Auch direkt nach der Kompensation kann die Abweichung der in einem Slave berechneten Zeit gegenüber der tatsächlichen Referenzzeit wieder durch die bereits beschriebenen Effekte zwischen -2 und +1,5 Ticks betragen. Diese Fehler sind nach Synchronisierung und Kompensation gleichbleibend und führen daher bei späteren Messungen, bei denen die Zeit mehrerer Endgeräte verwendet wird, zu einem systematischen Fehler. Die Mittelwerte von Messreihen werden also entsprechend verschoben.

Da die Systemzeit üblicherweise als Ganzzahlwert angegeben wird, wird hier auch bei der Berechnung der Referenzzeit in Formel (3.15) abgerundet. Hierbei entsteht ein weiterer Fehler, der sich im Laufe der Zeit verändert und im Bereich zwischen -1 und 0 schwankt. Ob sich dieser Fehler in späteren Messreihen als systematischer Fehler oder zufälliger Fehler bemerkbar macht, hängt von der zeitlichen Ausdehnung der Messung ab: Für kurze Messreihen mit zeitlich nah beieinander liegenden Messungen kann sich dieser Fehler als systematischer Fehler zeigen, für längere Messreihen als zufälliger Fehler. Damit für längere Messreihen und damit bei Auswirkung als zufälliger Fehler keine Verschiebung des Mittelwertes auftritt, wurde Formel (3.15) folgendermaßen korrigiert:

$$t_{Reference} = \lfloor d * (t_{Slave} - t_{SyncTime}) + 0{,}5 \rfloor + t_{SyncTime} \quad (3.16)$$

Die Gesamtabweichung der so im Slave berechneten Zeit liegt zwischen -2,5 und +2,0 Ticks.

Bei der Durchführung von Messungen, bei denen die Zeiten von unterschiedlichen Endgeräten relevant sind, addieren sich die Zeitabweichungen zwischen den Endgeräten zum realen Wert. Zu diesem fehlerbehafteten Messwert kommt noch ein weiterer Fehler von bis zu ±1 Tick hinzu (vgl. Beispiel 1). Abbildung 17 verdeutlicht dieses Problem.

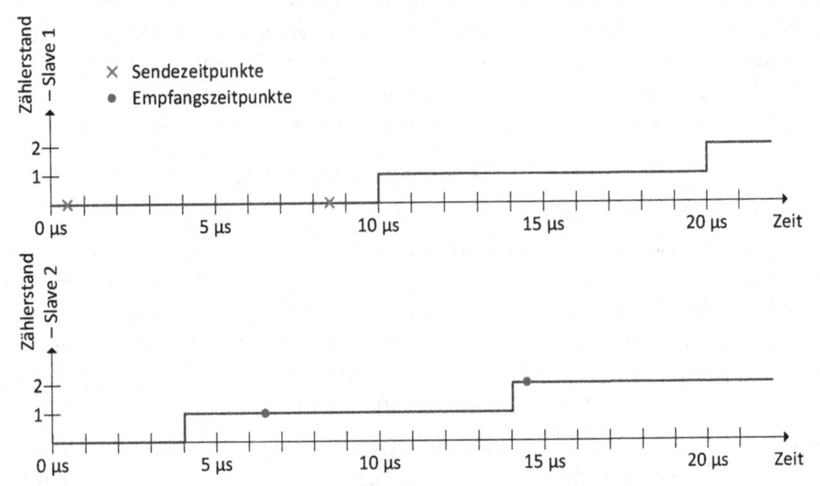

Abbildung 17: Beispiel zum Messfehler durch zeitliche Abweichung der Endgeräte und begrenzte zeitliche Auflösung. Angegebene Zählerstände sollen nach Formel (3.16) berechnete Werte darstellen.

Bei der dargestellten Messung soll es sich um eine Einweg-Latenzmessung handeln. Hierzu trägt der Absender seine mit Formel (3.16) bestimmte Systemzeit in das gesendete Paket ein. Der Empfänger kann die Latenz bestimmen, indem er bei Ankunft des Paketes seine eigene Systemzeit mittels Formel (3.16) bestimmt und diese mit der im Paket enthaltenen Zeit vergleicht. In der Abbildung ist erkennbar, dass die tatsächliche Latenz 0,6 Ticks beträgt. Die Zeitabweichung zwischen den beiden Endgeräten beträgt ebenfalls 0,6 Ticks, sodass der vom Empfänger feststellbare Messwert 1,2 Ticks beträgt. Auf Grund der begrenzten Zeitauflösung wird dieser wiederum je nach Lage der Messung zu 1 Tick abgerundet oder zu 2 Ticks aufgerundet, was durch die beiden verschiedenen Messungen in Abbildung 17 dargestellt ist. Bei einer Einweg-Latenzmessung vom Master zum Slave liegt der mögliche Gesamtmessfehler zwischen -3,5 und +3 Ticks, in die Gegenrichtung zwischen -3 und +3,5 Ticks (-2,5 bis +2 Ticks Zeitabweichung des Slaves und ±1 Tick Rundungsfehler durch begrenzte zeitliche Auflösung). Bei Einweg-Latenzmessungen zwischen zwei Slaves können sich die Zeitabweichungen addieren und der mögliche Gesamtmessfehler liegt daher zwischen -5,5 und +5,5 Ticks (±4,5 Ticks Zeitabweichung und ±1 Tick Rundungsfehler).

Zur Einhaltung von Zeitschlitzen beim Senden von Daten ist nochmals eine leicht andere Fehlerbetrachtung notwendig. Die Grenzen eines Zeitschlitzes, während dem ein Endgerät Daten senden darf, werden in der Referenzzeit angegeben. Die Zeitsteuerung des Sendevorgangs kann allerdings nicht durch Angaben in der Referenzzeit erfolgen, da die Funktionen zur zeitlichen Steuerung von Anwendungen in Echtzeitbetriebssystem wie z.B. dem im Rahmen dieser Arbeit eingesetzten FreeRTOS mit der lokalen Systemzeit arbeiten. Der Startzeitpunkt des Zeitschlitzes muss daher von der Referenzzeit in die lokale Zeit umgerechnet werden, was durch folgende Formel möglich ist:

$$t_{Slave} = \lfloor (t_{Reference} - t_{SyncTime})/d \rfloor + t_{SyncTime} \qquad (3.17)$$

Das Abrunden führt dazu, dass der Sendevorgang um bis zu 1 Tick früher gestartet wird als vorgesehen. Zusammen mit der ursprünglichen Zeitabweichung eines Slaves von der Referenzzeit um -2 bis +1,5 Ticks ergibt sich, dass ein Sendevorgang zwischen 2,5 Ticks zu früh und 2 Ticks zu spät gestartet werden kann. Die Länge des Zeitschlitzes kann von der Angabe in der Referenzzeit ohne Umrechnung übernommen werden, sofern näherungsweise d = 1 gilt und die Länge des Zeitschlitzes nur wenige Ticks beträgt, da der entstehende Fehler durch die fehlende Umrechnung dann vernachlässigbar ist (dies war in allen im Rahmen dieser Arbeit betrachteten Szenarien der Fall).

Anmerkung: Die durchgeführten Fehlerbetrachtungen gelten ebenfalls nur, wenn näherungsweise $d = 1$ *gilt. Andernfalls muss berücksichtigt werden, dass sich die Länge von Ticks zwischen den einzelnen Endgeräten in relevantem Maße unterscheidet.*
Wenn näherungsweise $d = 1$ *gilt, ist die Umrechnung zwischen Referenzzeit und Slavezeit dennoch nötig, da* d *bzw.* $1/d$ *in den Formeln (3.16) und (3.17) mit den Faktoren* $(t_{Slave} - t_{SyncTime})$ *bzw.* $(t_{Reference} - t_{SyncTime})$ *multipliziert wird, die Werte im Bereich von mehreren Millionen annehmen können, sodass die entstehenden Zeitunterschiede nicht vernachlässigt werden können.*

Weitere Ungenauigkeiten durch Jitter bei der Netzwerkübertragung oder der Verarbeitung in Software auf den Endgeräten sind möglich, sollten aber im Falle von hardwarebasiertem Switching und dem Einsatz eines Echtzeitbetriebssystems wie z.B. FreeRTOS mit zum Zeitpunkt der Synchronisation nur einem laufenden Task vernachlässigbar sein.

Die Ungenauigkeiten bei der Synchronisierung müssen bei der Erstellung des Sendezeitplans durch den Controller berücksichtigt werden, um trotzdem eine konfliktfreie Übertragung von Echtzeitdaten realisieren zu können. Eine Möglichkeit, diese Ungenauigkeit zu berücksichtigen, ist es, bei der Berechnung des Link-Belegungsplans entsprechende Sicherheitsabstände zwischen den Zeitschlitzen einzuhalten (in den

Algorithmen in Kapitel 3.4 nicht gezeigt). Die Anpassung der Algorithmen zu diesem Zweck kann beispielsweise erfolgen, indem die bei der Berechnung des Belegungsplans verwendete Zeitschlitzlänge gegenüber $t_{SlotLength}$ entsprechend der benötigten Sicherheitsabstände vergrößert wird. Eine nennenswerte Änderung der Algorithmen ist also nicht erforderlich. Außerdem muss der Controller bei Erstellung des Sendezeitplans auch die Auflösung der Endgeräte beachten, sodass Start- und Endzeiten von Zeitschlitzen in der Auflösung der Endgeräte auch korrekt angegeben werden können (ebenfalls nicht in den Algorithmen in Kapitel 3.4 gezeigt).

3.5.2 Queue

Jedes Endgerät benötigt einen Queue-Mechanismus, der die zu sendenden Pakete nach ihren Flows sortiert und zwischenspeichert, bis der zugehörige Zeitschlitz erreicht wurde. Das korrekte Senden innerhalb der Zeitschlitze ist ebenfalls Aufgabe des Queue-Mechanismus. Dazu muss dieser die Referenzzeit verwenden, die wie in Kapitel 3.5.1 gezeigt berechnet werden kann. Weitere Details sind implementierungsabhängig und werden daher in Kapitel 4.5.2 erläutert.

4 Implementierung

4.1 Verwendete Hardware und Software

Der SDN-Controller wurde vollständig auf Basis von POX [18] realisiert. Zur Umsetzung des beschriebenen Konzepts wurden einige von POX zur Verfügung gestellte Komponenten modifiziert und einige neue Komponenten geschrieben. Darauf wird in den folgenden Teilen dieses Kapitels genauer eingegangen. Da POX vollständig in Python geschrieben ist, kann der entwickelte Controller auf jedem System mit einem Python-Interpreter und einer Netzwerkschnittstelle zur Kommunikation mit den Switches ausgeführt werden. Die zu Grunde liegende Hardware spielt hierbei für die in Kapitel 5 gezeigten Messergebnisse keine Rolle, da alle Routen vor der Phase der Echtzeitkommunikation berechnet und proaktiv in den Switches installiert werden. Die von der Controller-Hardware abhängige Berechnungsdauer für den Zeitplan bzw. die Routen wurde in dieser Arbeit nicht betrachtet. Das Erstellen und Auslesen der zwischen Controller und Endgeräten versendeten JSON-Objekte wird im Controller mit Hilfe des standardmäßig in Python zur Verfügung stehenden JSON-Moduls durchgeführt.

Als Endgeräte werden mit einem 667 MHz Dual Core ARM Cortex A9 Prozessor und 512 MB DDR3 RAM ausgestattete ZedBoards [24] [25] [26] verwendet. Diese werden mit dem Betriebssystem FreeRTOS [27] und dem Netzwerkstack lwIP [28] betrieben. Die Implementierung des beschriebenen Konzepts erfolgt hier in C++. Zusätzlich wurde die Codebibliothek RapidJSON [29] zur Erstellung und Verarbeitung der JSON-Objekte genutzt. Ein Nachteil dieser verwendeten Endgeräte ist es, dass nicht beide Prozessorkerne genutzt werden. Dies ist für das gleichzeitige Senden und Empfangen von Echtzeitdaten ein Problem. Alle Sendevorgänge laufen mit maximaler Priorität, sodass alle Daten im vorgesehenen Zeitschlitz gesendet werden können. Werden zur gleichen Zeit Daten empfangen, so wird deren Verarbeitung verzögert. Dies kann prinzipiell zur Verletzung der maximal zulässigen Latenz für die empfangenen Daten führen, da diese Verzögerung vom Controller derzeit noch nicht bei der Zeitplanung berücksichtigt wird.

Als OpenFlow-Switch standen zwei verschiedene Modelle zur Verfügung. Bei dem ersten Switch handelt es sich um einen HP 2920 24 Port Switch. Dieser unterstützt die

Verarbeitung von OpenFlow bei Verwendung der meisten Headerfelder und bei einfachen Weiterleitungsaktionen in Hardware. Bei bestimmten Kombinationen von im Flow-Header gesetzten Feldern und bei komplexeren Aktionen muss die Verarbeitung jedoch in Software ausgeführt werden. Der HP 2920 ist der Grund, dass die Option, Flow-Header ohne MAC-Adressen bei der Definition von benötigten Kommunikationsverbindungen zu verwenden, in das System integriert wurde, da die Verwendung von MAC-Adressen im Flow-Header zur Verarbeitung entsprechender Pakete in Software führt. Beim HP 2920 handelt es sich um einen Store-and-Forward-Switch.

Das zweite Modell war ein TP-Link WR1043ND v2.1 Router. Auf diesem wurde eine spezielle OpenWRT-Firmware installiert, die die Unterstützung von OpenFlow hinzufügt. Die Verarbeitung von OpenFlow erfolgt hier immer in Software. Da im Gegensatz zum HP 2920 mehrere OpenFlow-Switches dieses Modells zur Verfügung standen, konnten hiermit auch komplexere Topologien real getestet werden.

4.2 Topologie- und Hosterkennung

Die Topologieerkennung wurde realisiert, indem mehrere bereits diesem Zweck dienende Module des POX-Controllers modifiziert wurden. Als Topologiedatenbank werden die Module topology und openflow.topology verwendet. Beim Herstellen einer Verbindung zwischen Controller und OpenFlow-Switch fügt openflow.topology den entsprechenden Switch automatisch zur Topologiedatenbank hinzu.

Das openflow.discovery-Modul implementiert standardmäßig das in Kapitel 3.2 beschriebene Senden von LLDP-Paketen und die Auswertung der auf diesem Weg generierten Packet-In-Nachrichten als aktiven Suchmechanismus für Switch-Switch-Verbindungen. Standardmäßig werden die einzelnen LLDP-Pakete von openflow.discovery jedoch zeitlich gleichmäßig verteilt gesendet und der Sendevorgang aus jedem Port regelmäßig wiederholt, um Veränderungen im Netzwerk zu erkennen. Insgesamt wird also jeweils mit einigen Sekunden Abstand ein einzelnes LLDP-Paket aus einem Port versendet. Da das hier entworfene System zur Echtzeitkommunikation bereits während des Startvorgangs die gesamte Topologie kennenlernen muss, wurde der zeitlich verteilte Sendevorgang durch ein sofortiges Senden von LLDP-Paketen aus allen Switchports ersetzt. Nach der initialen Topologieerkennung werden außerdem keine weiteren LLDP-Pakete mehr versendet, da diese die folgende Echtzeitkommunikation stören könnten. openflow.topology und openflow.discovery sind bereits standardmäßig auf eine Zusammenarbeit über Events ausgelegt, sodass die erkannten Switch-Switch-Verbindungen automatisch in die Datenbank aufgenommen werden.

Die Erkennung von Endgeräten (vgl. Kapitel 3.2) erfolgt durch das host_tracker-Modul. Standardmäßig führt das host_tracker-Modul jedoch wie in Kapitel 2.2.2 beschrieben keine aktive Suche nach Endgeräten durch, sondern lernt diese als passiver Beobachter von Packet-In-Nachrichten. Um bereits zum Start des Netzwerks alle Hosts kennenzulernen, wurde das Modul daher um die aktive Suche mittels Senden von ICMP-Echo-Requests an die Broadcast-Adresse erweitert. Wie bereits in Kapitel 3.2 erläutert, werden diese aus allen Switchports ohne Switch-Switch-Verbindung nach dem Abschluss der Link-Discovery des openflow.discovery-Moduls gesendet. Dadurch werden die vom host_tracker benötigten Packet-In-Nachrichten aktiv generiert. Da das hier vorgestellte Konzept eine proaktive Installation von Flow-Einträgen in den Switches verwendet, werden während der späteren Echtzeitkommunikation keine entsprechenden Packet-In-Nachrichten mehr erzeugt. Da host_tracker standardmäßig nur eine eigene Datenbank von Hosts verwaltet, wurden openflow.topology und host_tracker angepasst, um die Hosts und deren Verbindung auch in die allgemeine Topologiedatenbank von openflow.topology aufzunehmen (ebenfalls über Events realisiert). Außerdem führt host_tracker standardmäßig regelmäßige Überprüfungen durch, ob die entdeckten Hosts noch an der gleichen Stelle im Netzwerk existieren. Diese Überprüfungen wurden deaktiviert, da Veränderungen in der Topologie während dem Betrieb des Systems derzeit noch nicht vorgesehen sind und die zur Überprüfung versendeten Pakete die Echtzeitkommunikation stören können.

Die Aufgaben der einzelnen Module sind in Tabelle 7 zusammengefasst, wobei im Rahmen dieser Arbeit vorgenommene Veränderungen durch Unterstreichung hervorgehoben sind.

openflow.topology	**openflow.discovery**	**host_tracker**
- Verwaltet die Topologiedatenbank (topology-Modul) - Nimmt automatisch mit Controller verbundene Switches in Topologie auf - Trägt von openflow.discovery entdeckte Switch-Switch-Verbindungen in Topologie ein - Nimmt von host_tracker entdeckte Hosts und deren Verbindung in Topologie auf	- Sendet LLDP-Pakete sofort nacheinander aus allen Switchports - Wertet Packet-In-Nachrichten, die passende LLDP-Pakete enthalten, aus, um Switch-Switch-Verbindungen zu entdecken	- Sendet ICMP-Echo-Requests aus allen Switchports, an denen keine Switch-Switch-Verbindung besteht, um Packet-In-Nachrichten durch die Antwort verbundener Hosts zu erzeugen - Wertet direkt durch Hosts generierte Packet-In-Nachrichten aus, um deren Adressen und Verbindungen zu entdecken

Tabelle 7: Funktionen der einzelnen Module zur Topologie- und Hosterkennung.

4.3 Erkennung von Kommunikationsmuster und -anforderungen

Sowohl die Funktionen des statischen Modus als auch des nichtstatischen Modus wurden seitens des Controllers vollständig in einer neuen Komponente (flow_tracker) für POX implementiert. Im statischen Modus werden dabei wie bereits erwähnt Flows nach vorgegebenen Regeln generiert, die sowohl die Kommunikationspartner als auch die Anforderungsparameter festlegen. Im nichtstatischen Modus stellt der flow_tracker die Anfragen nach benötigten Flows und deren Echtzeitanforderungen an die Endgeräte. Für diese wurde eine neue Manager-Klasse entwickelt, welche verschiedene Aufgaben im Zusammenhang mit der Organisation der Zeitschlitze übernimmt. Zu den vorgesehenen Aufgaben des Managers zählt das Beantworten der Anfragen des flow_trackers. Zur Vereinfachung beantwortet der Manager diese Anfragen derzeit mit manuell für das jeweilige Gerät konfigurierten Kommunikationswünschen.

Der Manager hat jedoch noch einige weitere wichtige Aufgaben, die sowohl im statischen als auch im nichtstatischen Modus benötigt werden. Hierzu zählt das Empfangen der Zeitschlitzkonfiguration in Form der beschriebenen JSON-Objekte vom Controller, sowie die darauf basierende Organisation des Sendevorgangs für Daten verschiedener Flows in ihren jeweiligen Zeitschlitzen. Zur Kommunikation mit dem Controller öffnet der Manager beim Start des Endgeräts den UDP-Port 9090. In den ausgetauschten Nachrichten wird das erste Byte der Nutzlast des UDP-Pakets zur Angabe des Nachrichtentyps verwendet. Die möglichen Nachrichten zwischen Controller und Manager sind in Tabelle 8 aufgelistet. Einige Funktionen des Managers werden in Kapitel 4.5.2 genauer erläutert.

Nachrichtentyp	Code	Bedeutung
Flow-Anfrage	0x00	Wird im Falle des nichtstatischen Modus vom Controller an den Manager geschickt, um die benötigten Flows des Endgeräts zu erfragen.
Flow-Antwort	0x01	Übermittelt dem Controller die benötigten Flows und deren Echtzeitanforderungen in Form eines JSON-Objekts, das im Paket auf das Code-Feld folgt (vgl. Kapitel 3.3.3/Code 2).
Zeitschlitz-konfiguration	0x02	Teilt dem Manager den für das jeweilige Endgerät relevanten Teil des Sendezeitplans in Form eines JSON-Objekts mit, das im Paket auf das Code-Feld folgt (vgl. Kapitel 3.4.4/Code 6).

Tabelle 8: Nachrichtentypen zwischen SDN-Controller und Manager eines Endgeräts.

4.4 Routenfindung und Scheduling

Das Auffinden von Routen zusammen mit einem passenden Zeitplan findet vollständig in der neu entwickelten Controllerkomponente route_scheduler statt. Bei dieser Komponente handelt es sich um eine vollständige Implementierung der in Kapitel 3.4 beschriebenen Algorithmen und Optimierungen. Zusätzlich wurden kleinere Anpassungen vorgenommen, um die Ungenauigkeiten bei der Synchronisierung (siehe Kapitel 3.5.1) und die begrenzte Zeitauflösung der Endgeräte zu berücksichtigen, indem Sicherheitsabstände zwischen die Zeitschlitze eingefügt werden. Zur Umschaltung zwischen dem Algorithmus mit einheitlicher Zykluszeit ohne Optimierungen und dem erweiterten Algorithmus mit Jittervermeidung und unterschiedlichen Zykluszeiten existiert eine einfache Konfigurationsvariable. Nach der Erstellung des Link-Belegungsplans wird jedem Endgerät der jeweils relevante Teil des resultierenden Sendezeitplans als JSON-Objekt zugesendet (Nachrichtencode 0x02, siehe Tabelle 8).

4.5 Synchronisierung und Queue

4.5.1 Synchronisierung und zeitliche Auflösung

Die Implementierung der Synchronisierung der Endgeräte basiert auf einer bereits in früheren Projekten vom Autor dieser Arbeit zu diesem Zweck entwickelten Synchronisierer-Klasse innerhalb des FreeRTOS-Projektes. Diese wurde für die vorliegende Arbeit genauer analysiert und verbessert, sowie um die bisher nicht vorhandene Kompensation von Frequenzunterschieden erweitert. Die verschiedenen Typen der beim Synchronisierungsvorgang versendeten Nachrichten sind in Tabelle 9 aufgelistet. Alle Nachrichten werden von einem Socket mit dem UDP-Port 5983 gesendet und empfangen. Dieser Port wird auf allen Endgeräten nach dem Startvorgang vom Synchronisierer geöffnet. Die Nachrichten werden direkt im UDP-Paket verschickt, wobei das erste Byte der Nutzlast den Code des jeweiligen Nachrichtentyps enthält. Folgen auf den Code noch weitere Daten, so ist dies in Tabelle 9 angegeben.

Nachricht	Code	Bedeutung
Trigger	0x00	Wird von einer externen Quelle (z.B. SDN-Controller) an einziges Endgerät gesendet. Dieses wird dadurch zum Master ernannt und es beginnt die Synchronisierung aller anderen Endgeräte (Slaves).
Echo-Anfrage	0x01	Der Master sendet diese Nachricht zur RTT-Messung an einen Slave. (Hierfür wird ein UDP-Paket statt einer ICMP-Nachricht genutzt, da die Verarbeitungszeit im Netzwerkstack somit der Verarbeitungszeit der folgenden Synchronisierungsanfrage entspricht, wodurch die Genauigkeit der Synchronisierung höher ist.).
Echo-Antwort	0x02	Ein Slave sendet diese Nachricht direkt nach Erhalt einer Echo-Anfrage zurück an den Master.
Synchronisierungs-anfrage	0x03	Wird vom Master mit dem Inhalt $t_{Reference} + RTT/2$ an einen Slave gesendet. Dieser passt seine eigene Systemzeit bei Ankunft der Nachricht an die erhaltene Zeit an. Der Synchronisierungszeitpunkt wird vom Slave gespeichert.
Synchronisierungs-antwort	0x04	Bestätigung des Slaves nach Anpassung der eigenen Systemzeit.
Kompensationsanfrage	0x05	Wird einige Zeit nach der Synchronisierungsanfrage vom Master an den Slave gesendet. Auch hier setzt der Master als Inhalt $t_{Reference} + RTT/2$. Aus dem gespeicherten Zeitpunkt der letzten Synchronisierung und der seitdem entstandenen Abweichung der eigenen Systemzeit von der erhaltenen Referenzzeit kann ein Slave seinen Frequenzunterschied zum Master berechnen und zukünftig kompensieren.
Kompensationsantwort	0x06	Bestätigt dem Master die Verarbeitung der Kompensationsanfrage.

Tabelle 9: Nachrichtentypen des Synchronisierungsmechanismus. Die Reihenfolge der Nachrichtentypen in der Tabelle entspricht dem Ablauf der Synchronisierung.

Das Hauptproblem bei der Implementierung des Synchronisationsmechanismus war die effektive Kompensation der Frequenzunterschiede zwischen den Geräten. Trotz der in Kapitel 3.5.1 beschriebenen Kompensation konnten bei der Durchführung von Messungen bereits nach wenigen Sekunden weit auseinanderliegende Zählerstände festgestellt werden. Die Frequenzunterschiede zwischen zwei ZedBoards lagen trotz der

Kompensation in einem Bereich von bis zu 20 ppm. Da der taktgebende Oszillator weit von Wärmequellen auf dem Board entfernt liegt, sollte der Oszillator mit nahezu konstanten Umgebungsbedingungen jedoch wesentlich geringere Frequenzänderungen in einem so kurzen Zeitraum zeigen. Daher wurde nach weiteren Fehlerquellen gesucht und dabei entdeckt, dass die ursprünglich eingestellte zeitliche Auflösung von einer Mikrosekunde für das Problem verantwortlich ist. Mit einer zeitlichen Auflösung von 10 µs konnten keine problematischen Frequenzabweichungen mehr festgestellt werden.

Die einzige mögliche Erklärung, die für dieses Verhalten gefunden werden konnte, ist ein Problem mit der Softwareverarbeitung zur Aktualisierung der Systemzeit. Der verwendete ARM-Prozessor des ZedBoards besitzt in jedem Prozessorkern einen privaten Hardware-Timer, welcher nach mehreren Frequenzumwandlungsschritten vom bereits genannten, externen Oszillator angesteuert wird. Einer dieser Hardware-Timer wird so von FreeRTOS konfiguriert, dass er entsprechend der gewünschten zeitlichen Auflösung Interrupts erzeugt (z.B. ein Interrupt pro Mikrosekunde). Diese Interrupts werden von FreeRTOS verarbeitet um die Systemzeit weiterzuzählen. Kritische Regionen im ausgeführten Programmcode deaktivieren jedoch die Entgegennahme von Interrupts. Im Normalfall werden die währenddessen aufgetretenen Interrupts nach dem Abschluss der kritischen Region nachträglich verarbeitet, sodass beim Weiterzählen der Systemzeit keine Fehler auftreten. Allerdings kann der entsprechende Interrupt erst erneut ausgelöst werden, nachdem er verarbeitet wurde. Ist die kritische Region also so lang, dass der Hardware-Timer in dieser Zeit normalerweise mehr als einen Interrupt auslösen würde, so kann dies nicht erkannt werden und nach dem Abschluss der kritischen Region wird nur ein Interrupt entgegengenommen. Auf diesem Weg können bei langen kritischen Regionen und einer hohen zeitlichen Auflösung von z.B. 1 µs Ticks verloren gehen. Da während einer Messung nicht alle ZedBoards exakt den gleichen Code ausführen, tritt dieser Fehler je nach Gerät unterschiedlich oft auf, sodass sich die Zählerstände nach kurzer Zeit dementsprechend unterscheiden. Daher wurde für den Betrieb des Systems nach dem Erkennen dieses Problems eine zeitliche Auflösung von 10 µs gewählt.

4.5.2 Queue

Der in dieser Arbeit entwickelte Queue-Mechanismus basiert auf einer ebenfalls vom Autor dieser Arbeit in einem früheren Projekt entwickelten Queue-Klasse. Eine Anwendung verwendet ein Objekt dieser Klasse dazu, die zu sendenden Pakete zusammen mit der Information, über welchen Socket und an welches Ziel sie gesendet werden sollen, abzulegen. Jedes Queue-Objekt hat genau einen zugehörigen Thread, welcher die Pakete aus der Queue in einem Zeitschlitz sendet. Start- und Endzeitpunkt des Zeitschlitzes sowie seine Zykluszeit sind für jedes Queue-Objekt konfigurierbar. An der vorhandenen Queue-Klasse bzw. der Funktion des Sendethreads mussten einige Anpassungen vorgenommen werden, um die bei der Synchronisierung neu hinzugekommene Kompensationsfunktion für Frequenzabweichungen zu unterstützen. Im Zuge der Anpassungen wurde gleichzeitig der Code an einigen Stellen optimiert.

Die Queue-Klasse unterscheidet nicht zwischen den Paketen unterschiedlicher Echtzeit-Flows und die Funktion des Sendethreads besitzt nur einen konfigurierbaren Zeitschlitz. Zur Unterstützung des flow-basierten Zeitschlitzverfahrens wird daher für jeden benötigten Echtzeit-Flow ein eigenes Queue-Objekt angelegt. Das Erstellen der Queue-Objekte und die Verwaltung aller existierenden Queue-Objekte werden vom bereits genannten Manager übernommen. Möchte eine Anwendung Daten senden, so teilt sie dem Manager den für diese Daten verwendeten Echtzeit-Flow mit. Der Manager durchsucht die bestehenden Queue-Objekte nach dem Queue-Objekt für diesen Flow und gewährt der Anwendung Zugriff auf diese Queue. Kann der Manager kein Queue-Objekt für den Flow finden, so erstellt er automatisch ein neues. Die Anwendung kann die Queue für die folgende Kommunikation über den gleichen Flow verwenden, ohne dass eine erneute Anfrage an den Manager gestellt werden muss. Diese Vorgehensweise hat den Vorteil, dass nicht für jedes Paket nach der passenden Queue gesucht werden muss. Der Sendethread einer Queue wird erst vom Manager gestartet, nachdem er die Zeitschlitzkonfiguration des Flows dieser Queue vom Controller erhalten hat (Nachricht mit Code 0x02 nach Tabelle 8). Der Sendevorgang wird vom Sendethread jedoch erst gestartet, nachdem außerdem der Synchronisierer den Abschluss der Synchronisierung signalisiert hat.

Wenn auch in der aktuellen Implementierung noch nicht vollständig umgesetzt, wird bei der Implementierung der Queue- und der Manager-Klasse das Ziel verfolgt, eine bei der Anwendungsprogrammierung einfach zu benutzende Schnittstelle zu schaffen, die statt der API des verwendeten Netzwerkstacks benutzt werden muss. So würden Queue- und Manager-Klasse im Endeffekt einen Wrapper um den Netzwerkstack darstellen, der dadurch um das flow-basierte Zeitschlitzverfahren erweitert wird. Auf diese Weise ließen sich bestehende Netzwerkanwendungen leicht an das neu entwickelte Echtzeitkommunikationssystem anpassen.

Die Sendefunktion der Queue ist auf Anwendungsebene realisiert, sodass, wie in Kapitel 2.1.4 erläutert, eine Kompensation von $t_{softwares_S}$ notwendig ist, um die vorgesehenen Zeitschlitze einzuhalten. Auf die derzeitige Realisierung dieser Kompensation wird in Kapitel 5 genauer eingegangen.

5 Inbetriebnahme und Messungen

5.1 Aufnahme von Systemeigenschaften

Bevor die in Kapitel 3 vorgestellten Algorithmen mit verschiedenen Topologien getestet werden können, um die korrekte Bestimmung sinnvoller Sendezeitpläne zu überprüfen und durch das Senden von Testdaten zwischen den Endgeräten die Einhaltung der gewünschten Echtzeitkriterien zu bestätigen, müssen einige Eigenschaften der verwendeten Geräte bestimmt werden.

Hierzu zählt $t_{Software}$, das zur Berechnung von $t_{Delivery}$ und damit zur Beurteilung der Einhaltung der maximal zulässigen Latenz durch die Routen- und Zeitplanungsalgorithmen im Controller benötigt wird. In der Realität ist $t_{Software}$ nicht konstant, sondern hängt von der Größe der gesendeten Pakete ab und unterliegt auch bei gleichbleibender Paketgröße geringen Schwankungen. Dies wurde bei der Betrachtung in Kapitel 3 zur Vereinfachung noch nicht berücksichtigt. Bei der Berechnung von $t_{Delivery}$ im Controller zur Beurteilung der Einhaltung von Echtzeitanforderungen ist nur die maximal auftretende Softwareverzögerung ($t_{MaxSoftware}$) relevant.

Außerdem muss auf Grund der Implementierung des Sendethreads der Queue auf Anwendungsebene auch $t_{Software_S}$ bekannt sein, damit es zur Einhaltung der geplanten Zeitschlitze korrigiert werden kann. Leider kann dieser Parameter nicht direkt bestimmt werden, allerdings kann noch auf andere Weise sichergestellt werden, dass es nicht zur Überschneidung von Zeitschlitzen durch ein ungenaues Sendeverhalten der Hosts kommt. Ist $t_{Software_S}$ für alle verwendeten Endgeräte konstant, so kommt es nicht zur Überschneidung von Zeitschlitzen, selbst wenn keine Maßnahmen zur Kompensation getroffen werden. Der gesamte Sendezeitplan und Link-Belegungsplan wird einfach entsprechend $t_{Software_S}$ verschoben. Ist $t_{Software_S}$ nicht konstant, so ist es ausreichend, die Differenz zwischen dem maximal und minimal auftretenden $t_{Software_S}$ zu kennen. Entsprechend dieser Differenz können dann Sicherheitsabstände zwischen den Zeitschlitzen hinzugefügt werden, um Überschneidungen durch nicht exakt eingehaltene Zeitschlitze zu vermeiden. Da $t_{Software_S}$ nicht direkt bestimmt werden kann, kann stattdessen die Differenz des minimal und maximal auftretenden $t_{Software}$ zur Dimensionierung der Sicherheitsabstände verwendet werden. Dabei wird zwar $t_{Software_E}$ in die Betrachtung aufgenommen, obwohl dieser Parameter hier nicht relevant ist, allerdings wird die Betrachtung damit pessimistischer als nötig und die hinzugefügten Sicherheitsabstände auf jeden Fall groß genug. Für dieses Vorgehen muss $t_{MaxSoftware} - t_{MinSoftware} > t_{MaxSoftwares_S} - t_{MinSoftwares_S}$ gelten, wovon allerdings ausgegangen werden kann.

Außerdem muss die Verzögerung durch einen Switch bestimmt werden. Diese wird von den beiden modifizierten Dijkstra-Algorithmen benötigt, um zu bestimmen, wann die späteren Verbindungen einer Route nach dem Durchlaufen von Switches für den zugehörigen Flow reserviert werden müssen. Zur Bestimmung von $t_{Delivery}$ im Controller ist die Switchverzögerung ebenfalls von Bedeutung. Auch die Switchverzögerung ist in der Praxis nicht konstant. Für die Bestimmung von $t_{Delivery}$ ist wiederum nur der schlimmstmögliche Fall, also die maximale Switchverzögerung ($t_{MaxSwitch}$) relevant. Für die Reservierung von Verbindungen nach dem Durchlaufen von Switches wird allerdings auch die minimale Switchverzögerung ($t_{MinSwitch}$) benötigt. Sind $t_{MinSwitch}$ und $t_{MaxSwitch}$ bekannt, kann der jeweilige Algorithmus zur Routen- und Zeitplanung die Reservierung von Verbindungen für jede möglicherweise auftretende Switchverzögerung vornehmen. Das bedeutet, dass der für einen Flow reservierte Zeitraum nach jedem durchlaufenen Switch um $t_{MaxSwitch} - t_{MinSwitch}$ steigt. Switches mit möglichst konstanter Verzögerung sind daher für das System von Vorteil.

Die benötigten vier Parameter ($t_{MinSoftware}$, $t_{MaxSoftware}$, $t_{MinSwitch}$ und $t_{MaxSwitch}$) werden vor Inbetriebnahme des Systems bestimmt und dem SDN-Controller dann als Konstante zur Verfügung gestellt und von den im Rahmen dieser Arbeit implementierten Algorithmen für Routing und Scheduling bereits wie beschrieben verwendet. Genauso wie im Falle der Synchronisierungsungenauigkeit können die Controlleralgorithmen die benötigten Sicherheitsabstände durch eine entsprechende Vergrößerung der bei der Berechnung des Belegungsplans verwendeten Zeitschlitzlängen hinzufügen. Die Bestimmung der Parameter wird im Folgenden beschrieben. Da diese Parameter für einen bestimmten Gerätetyp nur einmalig bestimmt werden müssen, stellt dies kein Hindernis für die weitgehend automatische Konfiguration des Kommunikationssystems dar. Bei einer kommerziellen Umsetzung des Systems sollte die exakte Bestimmung derartiger Parameter durch die Gerätehersteller erfolgen und ist nicht Aufgabe eines Anwenders.

5.1.1 Bestimmung von $t_{MinSoftware}$ und $t_{MaxSoftware}$

Um fremde Einflüsse auszuschließen, wurde $t_{Software}$ anhand einer Direktverbindung von zwei Endgeräten (ZedBoards) bestimmt. Für die Messungen wurde die Implementierung der Endgeräte verändert, sodass diese die Synchronisierung ohne Startsignal durch den Controller durchführen und den Sendevorgang der Queue ohne Kommando des SDN-Controllers starten. Der hier manuell zugeteilte Zeitschlitz entspricht einer permanenten Sendeerlaubnis. Mit dieser Konfiguration wurde dann eine *RTT*-Messung über UDP-Sockets durchgeführt. UDP-Sockets wurden verwendet, da dies der üblichen Nutzung der Queue während der geplanten Echtzeitkommunikation entspricht und die Softwareverzögerung daher auch mit dieser Art von Socket bestimmt werden muss.

UDP-Payload [B]	Framegröße [B]	Minimum [Ticks]	Maximum [Ticks]	Mittelwert [Ticks]	Standard-abweichung [Ticks]
10	72	5	6	5,00	0,10
100	154	5	6	5,00	0,10
200	254	6	7	6,00	0,10
300	354	6	8	6,20	0,50
400	454	7	8	7,00	0,10
500	554	7	8	7,00	0,10
600	654	8	9	8,00	0,10
700	754	8	9	8,20	0,48
800	854	9	10	9,00	0,10
900	954	9	11	9,00	0,24
1000	1054	10	10	10,00	0,00
1100	1154	10	11	10,80	0,92
1200	1254	11	11	11,00	0,00
1300	1354	11	12	11,00	0,10
1400	1454	12	13	12,00	0,10
1410	1464	12	13	12,00	0,10
1420	1474	12	13	12,00	0,10
1430	1484	12	13	12,00	0,10
1440	1494	12	13	12,00	0,10
1450	1504	12	13	12,00	0,10
1460	1560	15	16	15,00	0,10
1472	1572	15	16	15,00	0,10

Tabelle 10: Messergebnisse von RTT-Messungen bei Direktverbindung zwischen zwei ZedBoards und unter Verwendung unterschiedlicher Paketgrößen und 10000 Messwerten pro Paketgröße.[1]

Die Nutzung der im verwendeten Netzwerkstack ebenfalls enthaltenen ICMP-Implementierung würde zu falschen Ergebnissen führen, da die Verarbeitungszeit sich von UDP-Sockets unterscheiden kann. Bei der Messung wurde außerdem darauf geachtet,

[1] Für alle Tabellen in diesem Kapitel gilt:

- Die Tickrate des ZedBoards lag bei 100000 Hz (1 Tick alle 10 µs)
- Angaben zur Framegröße beinhalten Präambel und Start Frame Delimiter (SFD)
- Bei Tabellen mit Flow-Konfigurationen ist auch die Reihenfolge der Einträge relevant
- Flow-Definitionen verwenden nur die Felder für den Ethertype und die Quell- und Ziel-IP-Adressen; alle anderen Headerfelder sind Wildcards

dass der im gemessenen Zeitraum ausgeführte Code auf beiden Endgeräten nahezu identisch ist und möglichst genau dem Code entspricht, der beim Senden durch die unmodifizierte Queue ausgeführt wird. In den Endgeräten wurde das Hinzufügen statischer ARP-Einträge für das jeweils andere Endgerät fest einprogrammiert, um das Senden von ARP-Anfragen während der Messung zu verhindern. Die Messergebnisse für unterschiedliche Paketgrößen sind in Tabelle 10 gezeigt.

Es zeigt sich, dass die Geräte dank des Echtzeitbetriebssystems mit nur wenigen aktiven Threads im Laufe einer Messreihe sehr konstante Ergebnisse liefern. Der Verlauf der Messwerte mit den verschiedenen Paketgrößen entspricht den Erwartungen: Die *RTT* steigt näherungsweise linear mit der Paketgröße, was auf Kopiervorgänge in der Verarbeitung und die zur Framelänge proportionale Sendedauer zurückzuführen ist. Der abrupte Anstieg bei Annäherung an die maximale Framelänge ist darauf zurückzuführen, dass der verwendete Netzwerkstack trotz Einhaltung der eingestellten MTU von 1500 Bytes eine IP-Fragmentierung vorgenommen und zwei Frames gesendet hat. Aus Zeitgründen wurde dieses Problem nicht näher analysiert.

UDP-Payload [B]	Framegröße [B]	Minimum, korrigiert [Ticks]	Maximum, korrigiert [Ticks]	$t_{Transmission}$ [µs]	$t_{MinSoftware}$ [µs]	$t_{MaxSoftware}$ [µs]
10	72	4	7	0,576	19,424	34,424
100	154	4	7	1,232	**18,768**	33,768
200	254	5	8	2,032	22,968	37,968
300	354	5	9	2,832	22,168	42,168
400	454	6	9	3,632	26,368	41,368
500	554	6	9	4,432	25,568	40,568
600	654	7	10	5,232	29,768	44,768
700	754	7	10	6,032	28,968	43,968
800	854	8	11	6,832	33,168	48,168
900	954	8	12	7,632	32,368	52,368
1000	1054	9	11	8,432	36,568	46,568
1100	1154	9	12	9,232	35,768	50,768
1200	1254	10	12	10,032	39,968	49,968
1300	1354	10	13	10,832	39,168	54,168
1400	1454	11	14	11,632	43,368	58,368
1410	1464	11	14	11,712	43,288	58,288
1420	1474	11	14	11,792	43,208	58,208
1430	1484	11	14	11,872	43,128	58,128
1440	1494	11	14	11,952	43,048	58,048
1450	1504	11	14	12,032	42,968	57,968
1460	1560	14	17	12,480	57,520	**72,520**
1472	1572	14	17	12,576	57,424	72,424

Tabelle 11: Mit Hilfe der korrigierten RTT und der theoretischen Sendedauer $t_{Transmission}$ berechnete Minimal- und Maximalwerte für die Softwareverzögerung.

Der aufgenommene Messwert entspricht nicht direkt $t_{Software}$, sondern muss noch halbiert werden, da es sich um eine RTT-Messung handelt, aber $t_{Software}$ für die Verzögerung in eine Richtung bestimmt werden sollte. Außerdem muss die im Messwert ebenfalls enthaltene Sendedauer ($t_{Transmission}$) anhand von Paketgröße und Verbindungsgeschwindigkeit berechnet und abgezogen werden. Die Verzögerungen durch das Kabel können bei der verwendeten Kabellänge von unter einem Meter vernachlässigt werden. Es wäre nach der Synchronisierung der Endgeräte ebenfalls möglich gewesen, direkt eine Zeitmessung in eine Richtung anstelle einer RTT-Messung durchzuführen, allerdings wurde davon abgesehen, da der Messfehler auf Grund der Ungenauigkeiten bei der Synchronisierung in diesem Fall bedeutend größer gewesen wäre.

Auf Grund der Messungenauigkeiten durch das Auf- oder Abrunden um bis zu einen Tick (vgl. Kapitel 3.5.1/Beispiel 1) wurde der schlechteste mögliche Fall angenommen und die gemessenen Minimalwerte und Maximalwerte nochmals um einen Tick nach unten bzw. oben korrigiert, bevor die Umrechnung in Mikrosekunden und die Berechnung von den $t_{MinSoftware}$ und $t_{MaxSoftware}$ durchgeführt wurde. Die Ergebnisse der Berechnungen sind in Tabelle 11 gezeigt. Die endgültigen Werte für $t_{MinSoftware}$ und $t_{MaxSoftware}$, die im Controller als Konstante angegeben werden, sind hervorgehoben.

5.1.2 Bestimmung von $\mathbf{t_{MinSwitch}}$ und $\mathbf{t_{MaxSwitch}}$

Der Testaufbau zur Messung der Switchverzögerung entspricht im Gegensatz zum Testaufbau für die Messung der Softwareverzögerung fast vollständig dem vorgestellten Gesamtkonzept. Er besteht wieder aus zwei ZedBoards, die hier über einen OpenFlow-Switch verbunden wurden. Wie im Konzept vorgesehen wird die vorhandene Controller-Implementierung hier eingesetzt, um eine Topologieerkennung durchzuführen, eine Flow-Konfiguration zu generieren (statischer Modus), einen Zeitplan aufzustellen und die Routen im OpenFlow-Switch zu installieren. Außerdem löst er hier den Start der Queue-Sendethreads sowie der Synchronisierung aus. Die im Switch installierten Flow-Einträge verwenden nur IP-Adressen und erlauben daher jegliche Kommunikation zwischen den beiden Endgeräten in beide Richtungen. Außerdem sendet der Controller hier die benötigten ARP-Informationen an die Endgeräte, die daraufhin entsprechende statische Einträge anlegen, sodass das fest einprogrammierte Hinzufügen eines solchen Eintrages für den jeweiligen Kommunikationspartner hier nicht mehr notwendig ist. Die einzigen hier noch verwendeten Modifikationen an der Implementierung sorgen für die Zeitmessung selbst, sowie eine permanente Sendeerlaubnis der Queue, sodass die Messdauer nicht durch überflüssige Wartezeiten (t_{Queue}) erhöht wird. Auch hier wurde mit dieser Konfiguration eine RTT-Messung über UDP-Sockets durchgeführt, wobei die gleichen Paketgrößen wie zuvor zum Einsatz kamen. Die Ergebnisse für die beiden vorhandenen Switchmodelle sind in Tabelle 12 und Tabelle 13 gezeigt.

UDP-Payload [B]	Framegröße [B]	Minimum [Ticks]	Maximum [Ticks]	Mittelwert [Ticks]	Standard-abweichung [Ticks]
10	72	30	43	33,730	1,170
100	154	32	56	34,346	1,179
200	254	33	47	35,209	1,276
300	354	34	73	36,730	1,245
400	454	35	49	36,927	1,207
500	554	36	47	37,596	1,340
600	654	37	55	38,415	1,149
700	754	38	73	39,246	1,216
800	854	38	49	39,860	1,322
900	954	39	50	40,376	1,142
1000	1054	40	75	41,177	1,281
1100	1154	41	89	42,276	1,426
1200	1254	42	60	42,953	1,169
1300	1354	43	53	43,891	1,225
1400	1454	44	90	46,844	1,501
1410	1464	44	59	47,190	1,268
1420	1474	44	55	47,191	1,231
1430	1484	44	77	47,246	1,382
1440	1494	44	83	47,765	1,159
1450	1504	45	56	47,479	1,110
1460	1560	74	97	75,858	1,945
1472	1572	74	98	75,980	1,938

Tabelle 12: Messergebnisse von RTT-Messungen bei Verbindung von zwei ZedBoards über einen OpenFlow-fähigen OpenWRT-Router (TP-Link WR1043ND) und unter Verwendung unterschiedlicher Paketgrößen und 10000 Messwerten pro Paketgröße. Ausreißer über 100 Ticks wurden aus der Messreihe entfernt (maximal 19 entfernte Ausreißer, Messreihe für 1472 Bytes UDP-Payload).

Im Falle des TP-Link WR1043ND traten während der Messung vereinzelte Ausreißer auf, bei denen die gemessene RTT ein Vielfaches aller anderen Messwerte betrug. Daher wurden Ausreißer ab einem Messwert von mehr als 100 Ticks aus der Messreihe entfernt. Diese Ausreißer werden vermutlich durch die sporadische Auslastung des Switch-Prozessors durch andere laufende Prozesse verursacht und wurden hier entfernt, um die später durchgeführten, von den hier bestimmten Switcheigenschaften abhängigen Tests nicht stark negativ zu beeinflussen.

Die gezeigten Messwerte enthalten neben der Switchverzögerung auch wieder die Softwareverzögerung und Sendedauer und müssen auf Grund der RTT-Messung noch halbiert werden. Bevor die Berechnung von $t_{MinSwitch}$ und $t_{MaxSwitch}$ erfolgt, werden auch hier zunächst die Minimalwerte und Maximalwerte nochmals um einen Tick korrigiert.

UDP-Payload [B]	Framegröße [B]	Minimum [Ticks]	Maximum [Ticks]	Mittelwert [Ticks]	Standardabweichung [Ticks]
10	72	5	7	5,999	0,170
100	154	6	7	6,000	0,100
200	254	7	8	7,000	0,100
300	354	7	8	7,909	0,287
400	454	8	9	8,000	0,100
500	554	9	10	9,000	0,100
600	654	9	11	9,190	0,392
700	754	10	11	10,000	0,140
800	854	11	11	11,000	0,000
900	954	11	13	11,506	0,500
1000	1054	12	13	12,000	0,100
1100	1154	13	14	13,000	0,100
1200	1254	13	14	13,809	0,392
1300	1354	14	15	14,000	0,100
1400	1454	15	16	15,000	0,100
1410	1464	15	16	15,000	0,100
1420	1474	15	16	15,000	0,100
1430	1484	15	16	15,000	0,100
1440	1494	15	16	15,000	0,100
1450	1504	15	16	15,000	0,100
1460	1560	18	19	18,000	0,100
1472	1572	18	19	18,000	0,100

Tabelle 13: Messergebnisse von RTT-Messungen bei Verbindung von zwei ZedBoards über einen OpenFlow-fähigen HP 2920 24 Port Switch und unter Verwendung unterschiedlicher Paketgrößen und 10000 Messwerten pro Paketgröße.

Zur Berechnung von $t_{MinSwitch}$ muss vom korrigierten Minimalwert der maximale korrigierte Wert der RTT-Messung bei Direktverbindung für die entsprechende Paketgröße (aus Tabelle 11) abgezogen und das Ergebnis halbiert werden. Für $t_{MaxSwitch}$ muss jeweils vom korrigierten Maximalwert der korrigierte Minimalwert der RTT-Messung bei Direktverbindung (aus Tabelle 11) abgezogen und das Ergebnis halbiert werden. Die korrigierten und berechneten Werte für die beiden vorhandenen Switches sind in Tabelle 14 und Tabelle 15 gezeigt. Auch hier wurden die jeweils relevanten Parameter, die im Controller als Konstante genutzt werden, hervorgehoben.

UDP-Payload [B]	Framegröße [B]	Minimum, korrigiert [Ticks]	Maximum, korrigiert [Ticks]	$t_{MinSwitch}$ [µs]	$t_{MaxSwitch}$ [µs]
10	72	29	44	**110**	200
100	154	31	57	120	265
200	254	32	48	120	215
300	354	33	74	120	345
400	454	34	50	125	220
500	554	35	48	130	210
600	654	36	56	130	245
700	754	37	74	135	335
800	854	37	50	130	210
900	954	38	51	130	215
1000	1054	39	76	140	335
1100	1154	40	90	140	405
1200	1254	41	61	145	255
1300	1354	42	54	145	220
1400	1454	43	91	145	400
1410	1464	43	60	145	245
1420	1474	43	56	145	225
1430	1484	43	78	145	335
1440	1494	43	84	145	365
1450	1504	44	57	150	230
1460	1560	73	98	280	420
1472	1572	73	99	280	**425**

Tabelle 14: Korrigierte RTT und berechnete minimale und maximale Switchverzögerung des OpenFlow-fähigen OpenWRT-Routers (TP-Link WR1043ND) bei verschiedenen Paketgrößen.

UDP-Payload [B]	Framegröße [B]	Minimum, korrigiert [Ticks]	Maximum, korrigiert [Ticks]	$t_{MinSwitch}$ [µs]	$t_{MaxSwitch}$ [µs]
10	72	4	8	**0**	20
100	154	5	8	0	20
200	254	6	9	0	20
300	354	6	9	0	20
400	454	7	10	0	20
500	554	8	11	0	25
600	654	8	12	0	25
700	754	9	12	0	25
800	854	10	12	0	20
900	954	10	14	0	30
1000	1054	11	14	0	25
1100	1154	12	15	0	30
1200	1254	12	15	0	25
1300	1354	13	16	0	30
1400	1454	14	17	0	30
1410	1464	14	17	0	30
1420	1474	14	17	0	30
1430	1484	14	17	0	30
1440	1494	14	17	0	30
1450	1504	14	17	0	30
1460	1560	17	20	0	30
1472	1572	17	20	0	**30**

Tabelle 15: Korrigierte RTT und berechnete minimale und maximale Switchverzögerung des OpenFlow-fähigen HP 2920 24 Port Switches bei verschiedenen Paketgrößen.

5.1.3 Bewertung der bestimmten Systemeigenschaften

Auf Grund der *RTT*-Messung handelt es sich bei den einzelnen Messwerten, die zur Bestimmung von $t_{MinSwitch}$, $t_{MaxSwitch}$, $t_{MinSoftware}$ und $t_{MaxSoftware}$ verwendet wurden, bereits um Mittelwerte über das zweimalige Durchlaufen der zu charakterisierenden Systemfunktionen. Dies wurde hier in Kauf genommen, um die größeren Messungenauigkeiten, die bei einer Einweg-Latenzmessung zwischen zwei synchronisierten Endgeräten auftreten, zu vermeiden. Zur Umsetzung eines produktiv eingesetzten Systems zur hart echtzeitfähigen Datenübertragung wäre es erforderlich, genauere Messmethoden für diese Parameter zu entwickeln. Im Rahmen dieser Arbeit stand jedoch die Entwicklung eines funktionierenden Gesamtsystems im Fokus, sodass eine detaillierte Analyse der einzelnen Systembestandteile aus Zeitgründen nicht möglich war. Für die Bestimmung der Softwareverzögerung und der Switchverzögerung des HP 2920 kann außerdem davon ausgegangen werden, dass der Fehler durch die Mittelwertbildung vernachlässigbar ist, da die Verzögerungen (bei gleich bleibender Paketgröße) nahezu konstant sind. Die bestimmten Werte für den TP-Link WR1043ND könnten dadurch jedoch relevante Fehler enthalten.

Die ermittelten Werte für die Verzögerung des HP 2920 sind überzeugend, da die Schwankungen der Messwerte bei gleichbleibender Paketgröße im Rahmen der Messungenauigkeit liegen und damit gezeigt wurde, dass bei Verarbeitung von OpenFlow in Hardware eine nahezu gleichbleibende Switchverzögerung möglich ist. Absolut betrachtet ist die Verzögerung durch den Switch gering und ebenso wie der leichte Anstieg der Switchverzögerung bei zunehmender Paketgröße entsprechend den Erwartungen für einen Store-and-Forward-Switch. Auf Grund der relativ hohen Messungenauigkeit wird die Differenz zwischen minimaler und maximaler Switchverzögerung auf 30 µs gesteigert, was beim späteren Betrieb des Gesamtsystems den Overhead durch benötigte Sicherheitsabstände erhöht. Dieses Problem ist jedoch der Messmethode geschuldet und die Eigenschaften dieses Switches sind positiv zu beurteilen. Der Einsatz in einem System zur echtzeitfähigen Kommunikation ist vorstellbar.

Die ermittelte Verzögerung des TP-Link WR1043ND kann hingegen nicht überzeugen, da die vergleichsweise hohe Verzögerung in $t_{Delivery}$ einfließt und die Einhaltung von hohen Echtzeitanforderungen (maximale zulässige Latenz unter einer Millisekunde) in größeren Netzwerken nahezu unmöglich macht. Außerdem sorgt der große Unterschied zwischen Minimalwert und Maximalwert für einen Bedarf nach großen Sicherheitsabständen zwischen Zeitschlitzen und senkt damit die Effizienz des Systems stark. Ein weiteres Problem stellt die auch bei gleich bleibender Paketgröße stark schwankende Verzögerung für die Synchronisierung dar, welche dadurch wesentlich stärker fehlerbehaftet ist und keinen zuverlässigen Betrieb eines Zeitschlitzverfahrens mehr erlaubt. Auch die aufgetretenen Ausreißer wären für ein produktiv eingesetztes System nicht akzeptabel. Da die Softwareverarbeitung in den betrachteten Routern den Einflüssen eines nicht auf Echtzeitfähigkeit optimierten Linux-Betriebssystems unterliegt, waren die Ergebnisse zu erwarten, auch wenn ursprünglich auf Grund der sehr geringen Anzahl laufender Prozesse auf dem Router und dem abgesehen von der Paketverarbeitung kaum ausgelasteten Prozessor weniger stark schwankende Ergebnisse angenommen wurden.

Die ermittelte Softwareverzögerung ist akzeptabel, da die geringen Schwankungen innerhalb einer Messreihe für einen zuverlässigen Einsatz in einem Echtzeitsystem sprechen und die Verzögerung außerdem gering genug ist, um auch Anwendungen mit hohen Anforderungen an die maximal zulässige Latenz nicht im Wege zu stehen (geringer Beitrag von $t_{Software}$ zu $t_{Delivery}$). Kritisiert werden kann hier der Unterschied zwischen minimaler und maximaler Verzögerung, da hierdurch Sicherheitsabstände zwischen Zeitschlitzen benötigt werden, die vor allem bei kurzen Zeitschlitzen einen relativ großen Overhead und damit einen nennenswerten Effizienzverlust bedeuten.

5.2 Überprüfung des Synchronisierungsmechanismus

Vor Inbetriebnahme des Gesamtsystems sollte zunächst bestätigt werden, dass die Synchronisierung inklusive Kompensation von Frequenzunterschieden korrekt funktioniert. Dies kann überprüft werden, indem zwei ZedBoards direkt miteinander verbunden und dazu konfiguriert werden, die Synchronisierung durchzuführen und anschließend eine Einweg-Latenzmessung vorzunehmen. Zeitschlitze und Queue werden dabei nicht verwendet. Hier wurde die Latenzmessung mit UDP-Paketen mit einer Nutzlast von 1000 Bytes durchgeführt. Das Ergebnis sollte ungefähr der halben RTT, die für diese Paketgröße in Tabelle 10 angegeben ist (hier: $RTT/2 = 5\,Ticks$), entsprechen. Abweichungen können aus mehreren Gründen entstehen. Zum einen wurden die Werte in Tabelle 10 unter Verwendung der Queue (mit dauerhafter Sendeerlaubnis) bestimmt, während das Senden hier ohne Queue stattgefunden hat. Dadurch entstehen minimale Unterschiede in Verarbeitungszeit in Software. Bedeutender ist der Messfehler der Einweg-Latenzmessung, welcher in Kapitel 3.5.1 beschrieben wurde. Da das Senden der Pakete zur Einweg-Latenzmessung hier durch den Slave der Synchronisierung durchgeführt wurde, beträgt die Messungenauigkeit -3 bis +3,5 Ticks. Tabelle 16 zeigt die Ergebnisse dieser Messreihe zur Einweg-Latenz.

UDP-Payload [B]	Framegröße [B]	Minimum [Ticks]	Maximum [Ticks]	Mittelwert [Ticks]	Standardabweichung [Ticks]
1000	1054	5	7	5,865	0,393

Tabelle 16: Ergebnisse einer Messreihe mit 5000 Messwerten zur Bestimmung der Einweg-Latenz bei Direktverbindung von zwei ZedBoards.

Die Messergebnisse bestätigen die korrekte Funktionsweise des Synchronisierungsmechanismus. Der Mittelwert der Messreihe weicht nur um 0,865 Ticks vom erwarteten Wert ab, was im Rahmen des systematischen Fehlers der Messung (-1,5 bis +2 Ticks) liegt. Die Differenz von 2 Ticks zwischen Minimum und Maximum der Messreihe entspricht ebenfalls den Erwartungen, da diese Schwankungen durch die zusätzlichen zufälligen Messungenauigkeiten entstehen und unvermeidbar sind.

Beim folgenden Betrieb des gesamten beschriebenen Kommunikationssystems ermöglicht es die fehlerfrei arbeitende Synchronisierung neben der Einhaltung der Zeitschlitze auch, die Einhaltung von Echtzeitanforderungen (maximal zulässige Latenz) mit Hilfe von Einweg-Latenzmessungen zu überprüfen.

5.3 Verifikation der Einhaltung von Echtzeitanforderungen

Nach den beschriebenen Vorarbeiten wurde das vollständige Echtzeitkommunikationssystem (ohne die für die bisherigen Messungen vorgenommenen Modifikationen) in Betrieb genommen und das korrekte Zusammenspiel aller implementierten Komponenten praktisch getestet. Dabei wurden die zuvor bestimmten Parameter der verwendeten Endgeräte und OpenFlow-Switches dem Controller vorgegeben, damit dieser korrekte Sendezeitpläne und Link-Belegungspläne erstellen kann, die ausreichende Sicherheitsabstände zwischen den Zeitschlitzen für verschiedene Flows bieten.

5.3.1 Single-Switch-Topologie mit HP 2920

Der erste Testaufbau bestand aus einem HP 2920 24 Port Switch mit 8 angeschlossenen Endgeräten, welche die IP-Adressen 192.168.100.130 bis 192.168.100.137 verwendet haben und im Folgenden mit Host 0 bis Host 7 bezeichnet werden. Der Controller wurde im statischen Modus betrieben und die festgelegte Flow-Konfiguration ist in Tabelle 17 ersichtlich. Die Reihenfolge der gezeigten Flows ist von Bedeutung, da sich der vom Controllermodul zur Routensuche und Zeitplanung bestimmte Sendezeitplan in Abhängigkeit von der Verarbeitungsreihenfolge unterscheiden kann. Zur Flow-Definition und dementsprechend auch bei der späteren Installation von Routen in den OpenFlow-Switches wurden nur die Headerfelder des Ethertypes und der Quell- und Ziel-IP-Adressen verwendet, während alle anderen Headerfelder stets Wildcards enthielten.

Flow-Bezeichnung	Quell-IP-Adresse	Ziel-IP-Adresse	$t_{MaxLatency}$ [µs]	$t_{SendCycle}$ [µs]	$t_{Req.SlotLength}$ [µs]
0.1	192.168.100.130	192.168.100.131	600	400	20
2.3	192.168.100.132	192.168.100.133	600	400	20
4.5	192.168.100.134	192.168.100.135	600	400	20
6.7	192.168.100.136	192.168.100.137	600	400	20
0.7	192.168.100.130	192.168.100.137	600	400	20
2.1	192.168.100.132	192.168.100.131	600	400	20
4.3	192.168.100.134	192.168.100.133	600	400	20
6.5	192.168.100.136	192.168.100.135	600	400	20

Tabelle 17: Verwendete Flow-Konfiguration inkl. Echtzeitanforderungen für die Single-Switch-Topologie mit einem HP 2920.

Ob bei der Erstellung des Sendezeitplans der einfache oder der erweiterte Algorithmus eingesetzt wird, spielt hier keine Rolle, da beide Algorithmen zum gleichen Ergebnis führen. Der vollständige Link-Belegungsplan ist in Abbildung 18 gezeigt.

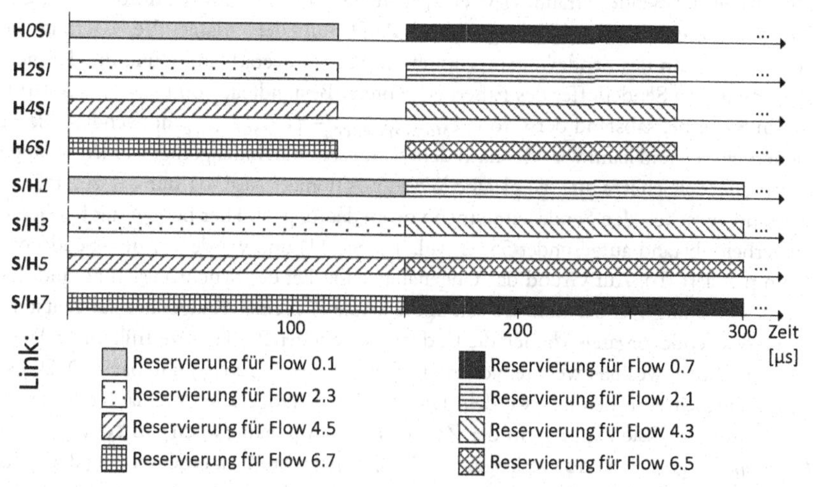

Abbildung 18: Belegungsplan, der für die gezeigte Flow-Konfiguration und die Single-Switch-Topologie mit einem HP 2920 bestimmt wurde.

An dieser Stelle soll am Beispiel des Flows 0.1 erläutert werden, wie sich der vom Controller reservierte Zeitraum für einen Flow aus den aus verschiedenen bereits genannten Gründen benötigten Sicherheitsabständen und dem tatsächlich vorgesehenen Sendezeitraum zusammensetzt (Abbildung 19).

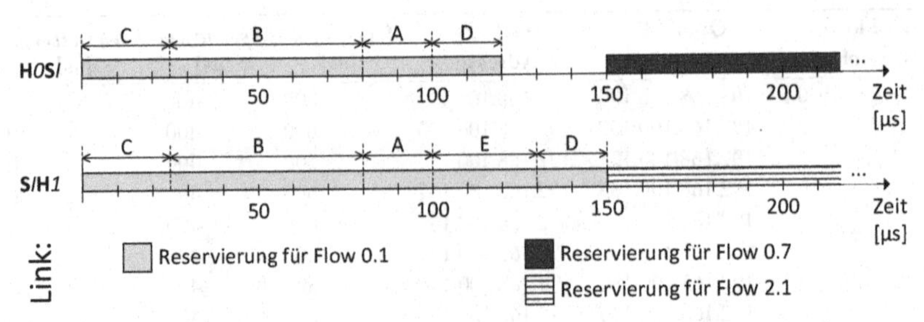

Abbildung 19: Ausschnitt des Belegungsplans aus Abbildung 18 zur Erläuterung der Zusammensetzung der Link-Reservierungen aus dem tatsächlichen Zeitschlitz und den benötigten Sicherheitsabständen anhand von Flow 0.1. A: Sendezeitraum B: Sicherheitsabstand für unterschiedliche Softwareverzögerungen C: Sicherheitsabstand für zu frühes Senden D: Sicherheitsabstand für zu spätes Senden E: Sicherheitsabstand für unterschiedliche Switchverzögerungen.

Die Länge des Sendezeitraums (A) entspricht der in den Echtzeitanforderungen des Flows angegebenen Zeitschlitzlänge (20 µs). Auf Grund der variablen Verzögerung, die vor dem Beginn des Sendevorgangs durch die Softwareverarbeitung und den Kopiervorgang in den Sendepuffer des Ethernetadapters (Bestandteile von $t_{Software}$) auftritt, ist ein Sicherheitsabstand der Größe $t_{MaxSoftware} - t_{MinSoftware}$ notwendig. Dieser Sicherheitsabstand kann vor oder nach dem Sendezeitraum hinzugefügt werden, solange er für alle Zeitschlitze auf die gleiche Weise positioniert wird, da nur der zusätzliche Abstand zwischen den Sendezeiträumen von Bedeutung ist. Hier beträgt der benötigte Sicherheitsabstand aufgerundet 55 µs (vgl. Tabelle 11) und wurde vor dem Sendezeitraum platziert (B). Auf Grund der Ungenauigkeiten bei der Synchronisierung und der Zeitumrechnung von der Referenzzeit in die lokale Zeit eines Endgerätes zur Zeitsteuerung des Sendevorgangs können die Endgeräte zwischen 2,5 Ticks zu früh und 2 Ticks zu spät senden, weshalb weitere Sicherheitsabstände vor (C; 25 µs) und nach (D; 20 µs) dem Sendezeitraum benötigt werden. Die variable Verzögerung durchlaufender Switches wird berücksichtigt, indem der Zeitschlitz nach jedem Switch um $t_{MaxSwitch} - t_{MinSwitch}$ (vgl. Tabelle 15) verlängert wird (E; 30 µs). Die Zusammensetzung der Zeitschlitze für alle anderen Flows ist äquivalent.

Der Sendezeitplan für die Hosts entspricht den tatsächlichen Sendezeiträumen (A) der vergebenen Reservierungen. Der Zeitplan, der vom Controller für die hier betrachtete Flow-Konfiguration an die Hosts übermittelt wird, ist in Tabelle 18 gezeigt.

Flow-Bezeichnung	Quell-IP-Adresse	Ziel-IP-Adresse	t_{Start} [µs]	t_{End} [µs]	$t_{CycleTime}$ [µs]
0.1	192.168.100.130	192.168.100.131	80	100	400
2.3	192.168.100.132	192.168.100.133	80	100	400
4.5	192.168.100.134	192.168.100.135	80	100	400
6.7	192.168.100.136	192.168.100.137	80	100	400
0.7	192.168.100.130	192.168.100.137	230	250	400
2.1	192.168.100.132	192.168.100.131	230	250	400
4.3	192.168.100.134	192.168.100.133	230	250	400
6.5	192.168.100.136	192.168.100.135	230	250	400

Tabelle 18: Resultierender Sendezeitplan für die betrachtete Flow-Konfiguration und die Single-Switch-Topologie mit einem HP 2920.

Mit dem vorgestellten Testaufbau sollte nicht nur überprüft werden, ob der Controller sinnvolle Sendezeitpläne ermittelt, sondern auch, ob die entwickelte Implementierung des Kommunikationssystems die gestellten Anforderungen an die maximale Übertragungslatenz ($t_{MaxLatency}$) einhalten kann. Hierzu wurde für jeden Flow der verwendeten Flow-Konfiguration ein Thread im Quellhost des Flows erstellt, der in einem regelmäßigen Abstand (entsprechend dem angegebenen Sendezyklus des jeweiligen Flows) ein UDP-Paket in die Queue dieses Flows einreiht. Die UDP-Payload aller so versendeten Pakete wurde auf 1000 Bytes festgelegt. Mit Hilfe dieser UDP-Pakete wurde eine Einweg-Latenzmessung durchgeführt, welche der Bestimmung der Übertragungslatenz einschließlich der Wartezeit in der Queue diente. Entsprechend der Definition von $t_{Latency}$ wurde also die Zeit vom Übergeben eines Paketes von der Anwendung an die Queue bis zum Erhalt des Paketes auf der Anwendungsschicht der Empfängerseite gemessen (Tabelle 19).

Flow-Bezeichnung	$t_{Latency}$, Minimum [Ticks]	$t_{Latency}$, Maximum [Ticks]	$t_{Latency}$, Mittelwert [Ticks]	$t_{Latency}$, Standardabweichung [Ticks]
0.1	32	32	32,000	0,000
2.3	41	43	42,387	0,487
4.5	37	43	37,527	0,505
6.7	38	39	38,642	0,479
0.7	7	8	7,378	0,485
2.1	18	18	18,000	0,000
4.3	12	29	12,692	0,769
6.5	11	12	11,642	0,479

Tabelle 19: Ergebnisse einer Messreihe mit 5000 Messwerten je Flow zur Bestimmung der Einweg-Latenz bei Verbindung von acht ZedBoards über den HP 2920 24 Port Switch und unter Nutzung des vom Controller vorgegebenen Sendezeitplans (UDP-Pakete mit 1000 Bytes Payload).

Die sich zwischen den verschiedenen Flows zum Teil stark unterscheidenden Ergebnisse (7,378 bis 42,387 Ticks für den Mittelwert von $t_{Latency}$) können auf einfache Weise erklärt werden: Während sich $t_{Delivery}$ für die unterschiedlichen Flows nicht unterscheidet, kann t_{Queue} sehr unterschiedlich ausfallen. Die UDP-Pakete eines Flows wurden zwar zyklisch in exakt gleichmäßigen Abständen generiert und in die Queue eingereiht, damit die Übertragungslatenz des Flows innerhalb einer Messreihe konstant bleibt, allerdings wurde der Zeitpunkt der ersten Paketgenerierung und Einreihung in die Queue nicht auf die Zeitschlitze abgestimmt und liegt daher zu einem beliebigen Punkt zwischen zwei Zeitschlitzen des jeweiligen Flows. Die Wartezeit in der Queue ist daher für jeden Flow durch Zufall bestimmt. Des Weiteren unterliegt die Messung für jeden Flow einem anderen systematischen Fehler, der durch die auftretenden Abweichungen bei der Synchronisierung verursacht wird.

Die Schwankungen der Messwerte innerhalb eines Flows von bis zu 2 Ticks können auch hier durch die zusätzlichen, unvermeidbaren zufälligen Messfehler erklärt werden. Größere Unterschiede zwischen dem Maximalwert und Minimalwert der Latenz sollten innerhalb eines Flows nicht auftreten. Für die mehr als 2 Ticks betragende Differenz zwischen Maximum und Minimum im Falle der Flows mit dem Quellhost 4 konnte leider keine Erklärung gefunden werden.

Trotz der nicht erklärbaren Abweichung für die Flows 4.5 und 4.3 liefert der Testaufbau insgesamt sehr überzeugende Ergebnisse. Die Algorithmen zur Zeitplanung arbeiten korrekt und liefern zulässige Belegungspläne. Trotz der außerordentlich hohen Echtzeitanforderungen (anspruchsvolles Ende der Echtzeit-Klasse 2) können alle 8 Flows in den Kommunikationszyklus aufgenommen werden und erhalten jeweils einen Zeitschlitz der gewünschten Länge von 20 µs, der pro Sendezyklus die Übertragung von bis zu 2368 Bytes (Nutzlast) innerhalb von UDP-Paketen ermöglicht. Die Messwerte für die Einweg-Latenz bestätigen außerdem, dass das System die Vorgaben zur maximalen Übertragungslatenz ausnahmslos einhalten kann.

Kritisiert werden kann die Effizienz des Systems, da auf Grund der benötigten Sicherheitsabstände wesentlich mehr Zeit für einen Flow reserviert werden muss, als tatsächlich zur Übertragung von Daten genutzt werden kann. Im Verlauf längerer Routen wird dieses Problem durch die Vergrößerung der benötigten Sicherheitsabstände für jeden durchlaufenen Switch sogar noch verstärkt. Dieses Problem wird in Kapitel 6 genauer diskutiert und es werden verschiedene Gegenmaßnahmen vorgeschlagen.

Trotz des Effizienzproblems spricht die ausnahmslose Einhaltung der Echtzeitanforderungen zusammen mit den überwiegend geringen und gut erklärbaren Schwankungen der Messwerte dafür, dass die hier eingesetzten Endgeräte und der HP 2920 für den Einsatz in einer Echtzeitumgebung geeignet sind.

5.3.2 Ringtopologie mit TP-Link WR1043ND

Der zweite Testaufbau bestand ebenfalls aus 8 Hosts, die diesmal jedoch mit 8 OpenFlow-fähigen OpenWRT-Routern des Typs TP-Link WR1043ND in einer Ringtopologie verbunden wurden (Abbildung 20).

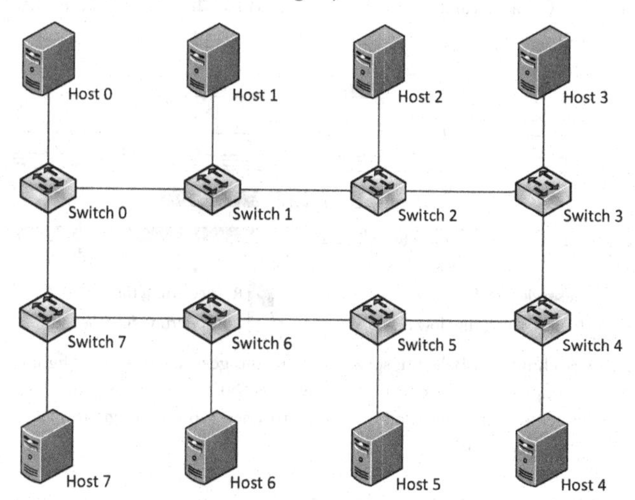

Abbildung 20: Topologie des zweiten Testaufbaus zur Beurteilung des Gesamtkonzepts.

Die verwendete Flow-Konfiguration (Tabelle 20) besteht wie zuvor aus 8 Flows mit 4 sendenden Hosts und 4 empfangenden Hosts, wobei die Echtzeitanforderungen hier im Vergleich zum vorigen Testaufbau reduziert wurden, da die verwendeten Switches höhere Verzögerungen aufweisen und in der verwendeten Topologie bei der Kommunikation zwischen zwei Hosts außerdem mindestens zwei Switches durchlaufen werden müssen.

Flow-Bezeichnung	Quell-IP-Adresse	Ziel-IP-Adresse	$t_{MaxLatency}$ [µs]	$t_{SendCycle}$ [µs]	$t_{Req.SlotLength}$ [µs]
0.1	192.168.100.130	192.168.100.131	4000	2400	20
2.3	192.168.100.132	192.168.100.133	4000	2400	20
4.5	192.168.100.134	192.168.100.135	4000	2400	20
6.7	192.168.100.136	192.168.100.137	4000	2400	20
0.7	192.168.100.130	192.168.100.137	4000	2400	20
2.1	192.168.100.132	192.168.100.131	4000	2400	20
4.3	192.168.100.134	192.168.100.133	4000	2400	20
6.5	192.168.100.136	192.168.100.135	4000	2400	20

Tabelle 20: Verwendete Flow-Konfiguration inkl. Echtzeitanforderungen für die Ringtopologie mit acht TP-Link WR1043ND.

Auch hier unterscheiden sich die ermittelten Link-Belegungspläne nicht zwischen den beiden zur Verfügung stehenden Algorithmen. Abbildung 21 zeigt einen Ausschnitt des Belegungsplans, der die Routen der Flows 0.1 und 0.7 vollständig wiedergibt. Auf Grund der einheitlichen Flow-Konfiguration sind die Routen und der Zeitplan für die Flows 2.3, 4.5 und 6.7 äquivalent zum Flow 0.1 und für die Flows 2.1, 4.3 und 6.5 äquivalent zum Flow 0.7.

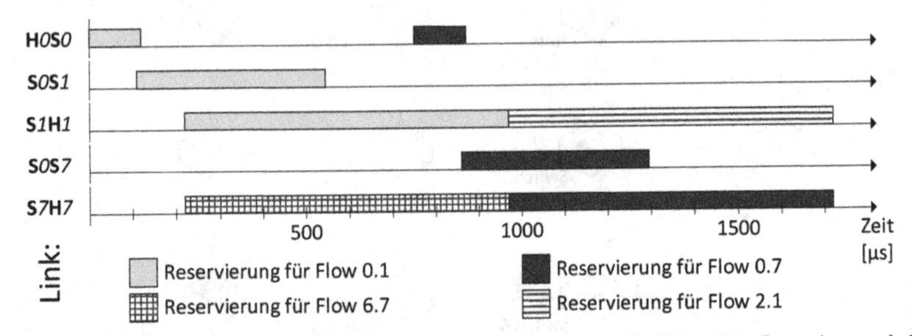

Abbildung 21: Ausschnitt des Belegungsplans, der für die gezeigte Flow-Konfiguration und die Ringtopologie mit acht TP-Link WR1043ND bestimmt wurde. Andere Verbindungen weisen auf Grund der symmetrischen Flow-Konfiguration äquivalente Belegungszeiten auf.

Wegen der schlechteren Switch-Eigenschaften steigen die benötigten Sicherheitsabstände hier mit jedem durchlaufenen Switch wesentlich stärker an als im Falle des HP 2920. Dies führt zu einer wesentlich geringeren Effizienz des Systems, sodass nur noch ein sehr kleiner Teil der zur Verfügung stehenden Bandbreite tatsächlich genutzt werden kann. Der zum gezeigten Belegungsplan gehörende Sendezeitplan ist in Tabelle 21 dargestellt.

Flow-Bezeichnung	Quell-IP-Adresse	Ziel-IP-Adresse	t_{Start} [µs]	t_{End} [µs]	$t_{CycleTime}$ [µs]
0.1	192.168.100.130	192.168.100.131	80	100	2400
2.3	192.168.100.132	192.168.100.133	80	100	2400
4.5	192.168.100.134	192.168.100.135	80	100	2400
6.7	192.168.100.136	192.168.100.137	80	100	2400
0.7	192.168.100.130	192.168.100.137	830	850	2400
2.1	192.168.100.132	192.168.100.131	830	850	2400
4.3	192.168.100.134	192.168.100.133	830	850	2400
6.5	192.168.100.136	192.168.100.135	830	850	2400

Tabelle 21: Resultierender Sendezeitplan für die betrachtete Flow-Konfiguration und die Ringtopologie mit acht TP-Link WR1043ND.

Auch für diesen Testaufbau wurden auf die gleiche Weise wie zuvor Einweg-Latenzmessungen durchgeführt, um die Einhaltung der maximal zulässigen Latenz zu überprüfen.

Flow-Bezeichnung	Anzahl Messwerte	$t_{Latency}$, Minimum [Ticks]	$t_{Latency}$, Maximum [Ticks]	$t_{Latency}$, Mittelwert [Ticks]	$t_{Latency}$, Standardabweichung [Ticks]
0.1	5000	305	1994	325,363	116,754
2.3	5000	155	1888	171,787	118,113
4.5	3738	54	1945	268,360	170,975
6.7	5000	190	1693	208,897	115,755
0.7	5000	83	1578	98,834	114,605
2.1	5000	291	1975	308,160	119,982
4.3	5000	140	1652	158,750	113,795
6.5	5000	266	1776	283,367	115,176

Tabelle 22: Ergebnisse einer Messreihe mit 5000 Messwerten je Flow zur Bestimmung der Einweg-Latenz bei Verbindung von acht ZedBoards über die Ringtopologie mit acht TP-Link WR1043ND und unter Nutzung des vom Controller vorgegebenen Sendezeitplans (UDP-Pakete mit 1000 Bytes Payload).

Die Ergebnisse in Tabelle 22 zeigen auch hier stark unterschiedliche Mittelwerte für die verschiedenen Flows, die wie zuvor auf die zufällige Wartezeit in der Queue zurückzuführen sind. Diese kann auf Grund der wesentlich größeren Zykluszeit der Zeitschlitze wesentlich länger sein als beim vorigen Testaufbau mit dem HP 2920. Hinzu kommt die wesentlich größere Verzögerung durch die zwei Switches. Insgesamt ist die mittlere Übertragungslatenz daher wesentlich größer als beim vorigen Testaufbau. Dennoch liegen alle Mittelwerte unterhalb der gemachten Vorgaben zur maximal zulässigen Latenz und bestätigen die korrekte Funktionsweise des Gesamtsystems.

Die Standardabweichungen der Messungen sind hier nicht nur absolut sondern auch bezogen auf den jeweiligen Mittelwert wesentlich größer als bei der Messreihe mit dem HP 2920. Der hier dominierende Einfluss ist die stark schwankende Switch-Verzögerung, die auch zu Maximalwerten weit oberhalb der zulässigen Übertragungslatenz führt. Zusätzlich muss angemerkt werden, dass der Messfehler bei diesem Testaufbau wesentlich größer sein kann als in Kapitel 3.5.1 beschrieben, da die Synchronisierung hier durch die schwankende Switch-Verzögerung wesentlich ungenauer arbeitet. Der entstehende Synchronisierungsfehler wirkt sich direkt als systematischer Fehler auf die gemessenen Einweg-Latenzen aus.

Außerdem traten in dieser Messreihe beim Flow 4.5 Paketverluste auf. Der Grund hierfür konnte nicht bestimmt werden, da sowohl die Endgeräte als auch die Switches in allen anderen durchgeführten Tests in dieser Hinsicht stets zuverlässig gearbeitet haben. Da auch schon im Testaufbau mit dem HP 2920 nicht erklärbare Abweichungen bei den Flows mit dem Quellhost 4 auftraten, deutet dies auf Probleme mit dem Host 4 hin. Aus Zeitgründen konnte das Problem nicht genauer analysiert werden.

Insgesamt können die Ergebnisse nicht überzeugen. Da die schlechten Ergebnisse auf den verwendeten Router zurückzuführen sind, wurde hiermit gezeigt, dass ein OpenFlow-Switch mit einer Paketverarbeitung in Software in der vorliegenden Form ohne Echtzeitbetriebssystem nicht für den Einsatz in einer Echtzeitumgebung geeignet ist. Um den Anforderungen einer Echtzeitumgebung gerecht zu werden, ist ein Echtzeitbetriebssystem oder eine vergleichbare Priorisierung der Paketverarbeitung notwendig. Außerdem sollte die Rechenleistung ausreichen, um auf allen Ports gleichzeitig eingehende Pakete entsprechend der für die Ports spezifizierten Datenrate zu verarbeiten. Steht weniger Rechenleistung zur Verfügung, ist es nicht möglich, dass mehrere Flows gleichzeitig Daten über einen Switch senden, ohne dass es zu ungewünschten Verzögerungen kommt, selbst wenn die Flows unterschiedliche Ports nutzen. Weitere Tests haben gezeigt, dass der hier verwendete OpenWRT-Router nicht in der Lage ist, zwei Flows gleichzeitig auf getrennten Ports (z.B. ein Flow von Port 1 nach Port 2 und ein Flow von Port 3 nach Port 4) zu verarbeiten, ohne dass es zu einer Erhöhung der Switch-Verzögerung kommt. Tatsächlich ließ sich nicht einmal ein Flow mit einer den Port-Spezifikationen von 1 GBit/s entsprechenden Datenrate betreiben. Auch diese Einschränkungen sind für einen OpenFlow-Switch in einem Echtzeitsystem inakzeptabel. Von weiteren Tests des Kommunikationssystems mit diesen Switches, beispielsweise unter Verwendung von Baumtopologien, wurde daher abgesehen. Während die geringe Leistungsfähigkeit der Switches im Falle der hier gezeigten Ringtopologie und des verwendeten Trafficmusters noch relativ geringe negative Auswirkungen zeigt, sind Topologien wie der FatTree (siehe Kapitel 5.5) bei fast allen Trafficmustern auf die gleichzeitige Nutzung einzelner Switches durch mehrere Flows angewiesen, sodass ein Betreiben dieser Topologien mit den hier zur Verfügung stehenden OpenWRT-Routern nicht sinnvoll möglich ist.

5.4 Vergleich von einfachem und erweitertem Algorithmus

Bei den bisher verwendeten Flow-Konfigurationen wurde für alle Flows die gleiche Dauer eines Sendezyklus gewählt, wodurch die ermittelten Sendezeitpläne durch die beiden zur Verfügung stehenden Algorithmen identisch waren. Wird eine Flow-Konfiguration mit unterschiedlichen Sendezyklen verwendet (Tabelle 23), so wird der Vorteil des erweiterten Algorithmus deutlich.

Flow-Bezeichnung	Quell-IP-Adresse	Ziel-IP-Adresse	$t_{MaxLatency}$ [ms]	$t_{SendCycle}$ [ms]	$t_{Req.SlotLength}$ [µs]
0.1	192.168.100.130	192.168.100.131	2	1	20
0.7	192.168.100.130	192.168.100.137	2	1	20
2.3	192.168.100.132	192.168.100.133	11	10	20
2.1	192.168.100.132	192.168.100.131	11	10	20
4.5	192.168.100.134	192.168.100.135	101	100	20
4.3	192.168.100.134	192.168.100.133	101	100	20
6.7	192.168.100.136	192.168.100.137	1001	1000	20
6.5	192.168.100.136	192.168.100.135	1001	1000	20

Tabelle 23: Verwendete Flow-Konfiguration inkl. Echtzeitanforderungen zum Vergleich der beiden Algorithmen.

Unter Verwendung einer Single-Switch-Topologie mit 8 direkt am Switch angeschlossenen Hosts wurden für die gezeigte Flow-Konfiguration Sendezeitpläne mit beiden vorhandenen Algorithmen erzeugt. Für die Switch-Verzögerung wurden die Parameter des HP 2920 genutzt. Tabelle 24 zeigt die entsprechenden Sendezeitpläne.

Flow-Bezeichnung	t_{Start} [µs]	t_{End} [µs]	$t_{CycleTime}$ [ms]	t_{Start} [µs]	t_{End} [µs]	$t_{CycleTime}$ [ms]
0.1	80	100	1	80	100	1
0.7	200	220	1	200	220	1
2.3	80	100	10	80	100	1
2.1	230	250	10	230	250	1
4.5	80	100	100	80	100	1
4.3	230	250	100	230	250	1
6.7	350	370	1000	350	370	1
6.5	230	250	1000	230	250	1

Tabelle 24: Resultierende Sendezeitpläne für die betrachtete Flow-Konfiguration bei Verwendung des einfachen Algorithmus (rechts) und bei Verwendung des erweiterten Algorithmus (links).

Für die beiden ermittelten Sendezeitpläne lässt sich für jede genutzte Verbindung die Gesamtzykluszeit (kleinstes gemeinsames Vielfaches aller Zykluszeiten der auf der jeweiligen Verbindung auftretenden Zeitschlitze) sowie die pro Gesamtzyklus insgesamt reservierte Zeit angeben. Die Ergebnisse dieser Berechnung sind in Tabelle 25 dargestellt. An den Ergebnissen wird sofort deutlich, dass der erweiterte Algorithmus bei der verwendeten Flow-Konfiguration große Vorteile bietet, da wesentlich weniger überflüssige Reservierungen vorgenommen werden und somit noch bedeutend mehr Zeit zur Verfügung steht, um weitere Flows in die Kommunikation mit aufzunehmen.

Verbindung	Gesamtzyklus-zeit [ms]	Reservierte Zeit [%]	Gesamtzyklus-zeit [ms]	Reservierte Zeit [%]
H0S1	1	24	1	24
H2S1	10	2,4	1	24
H4S1	100	0,24	1	24
H6S1	1000	0,024	1	24
S1H1	10	16,5	1	30
S1H3	100	1,65	1	30
S1H5	1000	0,165	1	30
S1H7	1000	15,015	1	30

Tabelle 25: Darstellung von Gesamtzykluszeit und reservierter Zeit für jede einzelne Verbindung der Topologie bei Verwendung der Flow-Konfiguration aus Tabelle 23 und unter Nutzung von einfachem (rechts) und erweitertem (links) Algorithmus. Reservierte Zeit beinhaltet Sicherheitsabstände.

5.5 Demonstration des zur Verfügung stehenden Potentials

Bei den bisher gezeigten Topologien und Flow-Konfigurationen handelte es sich um relativ einfache Beispiele, die vor allem der Veranschaulichung des Konzepts und der zu beachtenden Parameter dienten. Um die Möglichkeiten, die das implementierte System bietet, aufzuzeigen, wurde mit Hilfe von Mininet [30] und Ripcord-Lite (RipL) [31] ein virtuelles Netzwerk mit einer FatTree-Topologie [32] erzeugt (Abbildung 22).

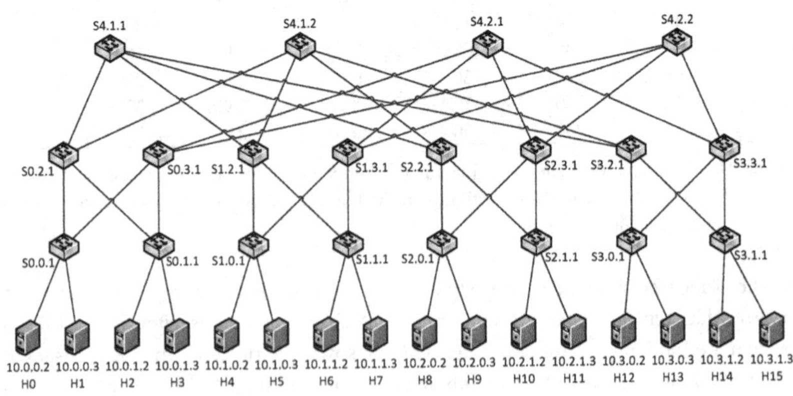

Abbildung 22: FatTree-Topologie mit an [32] angelehnten Bezeichnern.

Während die virtuellen Hosts nicht die Funktionalität der für das System vorgesehenen Endgeräte bieten und Mininet auch keine Möglichkeiten bietet, realistische Latenzmessungen durchzuführen, ist der Betrieb des implementierten SDN-Controllers mit einem virtuellen Netzwerk eine schnelle und einfache Möglichkeit, die Algorithmen zur Routen- und Zeitplanung mit verschiedenen Topologien und Trafficmustern zu testen. Dafür wird der SDN-Controller mit dem virtuellen Netzwerk verbunden und es werden die normalen Mechanismen des vorgestellten Systems ausgeführt. Da die Hosts in Mininet nicht die vorgesehene Funktionalität der Endgeräte besitzen, wurde auch hier der statische Modus verwendet, um die Flow-Konfiguration direkt im Controller festzulegen. Für diese wurde hier ein wesentlich komplexeres Trafficmuster (Tabelle 26) als die bisher präsentierten erstellt. Bei der Erstellung der Sendezeitpläne wurden weiterhin die für das ZedBoard-Projekt und den HP 2920 bestimmten Parameter für Switch- und Softwareverzögerungen genutzt.

Flow-Bezeichnung	Quell-IP-Adresse	Ziel-IP-Adresse	$t_{MaxLatency}$ [µs]	$t_{SendCycle}$ [µs]	$t_{Req.SlotLength}$ [µs]
0.8	10.0.0.2	10.2.0.2	700	400	20
0.10	10.0.0.2	10.2.1.2	1200	800	20
0.12	10.0.0.2	10.3.0.2	1200	800	20
1.9	10.0.0.3	10.2.0.3	2000	1600	40
1.13	10.0.0.3	10.3.0.3	2000	1600	40
2.11	10.0.1.2	10.2.1.3	9000	8000	500
2.15	10.0.1.2	10.3.1.3	5000	8000	100
3.11	10.0.1.3	10.2.1.3	3600	3200	30
4.12	10.1.0.2	10.3.0.2	1200	800	60
4.13	10.1.0.2	10.3.0.3	1200	800	20
5.14	10.1.0.3	10.3.1.2	1200	800	70
5.9	10.1.0.3	10.2.0.3	9000	8000	40
6.10	10.1.1.2	10.2.1.2	3600	3200	50
6.9	10.1.1.2	10.2.0.3	3600	3200	20
7.10	10.1.1.3	10.2.1.2	2000	1600	30
7.14	10.1.1.3	10.3.1.2	2000	1600	20

Tabelle 26: Verwendete Flow-Konfiguration inkl. Echtzeitanforderungen für die FatTree-Topologie.

Der durch den erweiterten Algorithmus bestimmte Sendezeitplan inklusive der jeweiligen Routen ist in Tabelle 27 gezeigt. Die Ergebnisse belegen, dass der entwickelte Algorithmus auch für komplexere Topologien und Trafficmuster bereits gute Resultate erzielt. Die Echtzeitanforderungen der Flows sind größtenteils der Klasse 2 zuzuordnen, wobei die Flows mit den höchsten Anforderungen an der Grenze zur Klasse 3 liegen, und damit bereits sehr anspruchsvoll. Die verwendete Topologie und Flow-Konfiguration, die hier zu einer Datenübertragung über mindestens 5 Switches führen, vergrößern die Herausforderung durch die hinzukommenden Switchverzögerungen und die komplexe Routenplanung noch weiter. Die erfolgreiche Erstellung von Sendezeitplänen bei solchen Anforderungen belegt die praktische Anwendbarkeit des vorgestellten Gesamtkonzepts. Der vollständige Link-Belegungsplan ist in Anhang A gezeigt.

Flow-Bez.	t_{Start} [µs]	t_{End} [µs]	$t_{CycleTime}$ [µs]	Route
0.8	80	100	400	H0 → S0.0.1 → S0.3.1 → S4.2.2 → S2.3.1 → S2.0.1 → H8
0.10	200	220	800	H0 → S0.0.1 → S0.2.1 → S4.1.2 → S2.2.1 → S2.1.1 → H10
0.12	320	340	800	H0 → S0.0.1 → S0.3.1 → S4.2.1 → S3.3.1 → S3.0.1 → H12
1.9	350	390	1600	H1 → S0.0.1 → S0.2.1 → S4.1.1 → S2.2.1 → S2.0.1 → H9
1.13	520	560	1600	H1 → S0.0.1 → S0.2.1 → S4.1.2 → S3.2.1 → S3.0.1 → H13
2.11	610	1110	8000	H2 → S0.1.1 → S0.2.1 → S4.1.1 → S2.2.1 → S2.0.1 → S2.3.1 → S2.1.1 → H11
2.15	80	180	4000	H2 → S0.1.1 → S0.2.1 → S4.1.1 → S3.2.1 → S3.1.1 → H15
3.11	80	110	3200	H3 → S0.1.1 → S0.3.1 → S4.2.1 → S2.3.1 → S2.1.1 → H11
4.12	590	650	800	H4 → S1.0.1 → S1.3.1 → S4.2.2 → S3.3.1 → S3.0.1 → H12
4.13	80	100	800	H4 → S1.0.1 → S1.3.1 → S4.2.2 → S3.3.1 → S3.0.1 → H13
5.14	290	360	800	H5 → S1.0.1 → S1.3.1 → S4.2.2 → S3.3.1 → S3.1.1 → H14
5.9	1330	1370	8000	H5 → S1.0.1 → S1.2.1 → S4.1.2 → S2.2.1 → S2.0.1 → H9
6.10	470	520	3200	H6 → S1.1.1 → S1.2.1 → S4.1.2 → S2.2.1 → S2.1.1 → H10
6.9	80	100	3200	H6 → S1.1.1 → S1.2.1 → S4.1.1 → S2.2.1 → S2.0.1 → H9
7.10	1300	1330	1600	H7 → S1.1.1 → S1.2.1 → S4.1.1 → S2.2.1 → S2.1.1 → H10
7.14	610	630	1600	H7 → S1.1.1 → S1.3.1 → S4.2.1 → S3.3.1 → S3.1.1 → H14

Tabelle 27: Durch den erweiterten Algorithmus bestimmter Sendezeitplan inklusive Routen für den Einsatz einer FatTree-Topologie bei Verwendung der Flow-Konfiguration aus Tabelle 26.

Selbstverständlich wäre die Verbindung der 16 Hosts über einen einzigen Switch (wie dem 24 Port HP 2920) einfacher und würde Routenfindung und Einhaltung der Echtzeitanforderungen der Flows erleichtern. Der Betrieb des Systems mit einer komplexeren Topologie wurde hier vorgestellt, um die Möglichkeiten des Systems zu verdeutlichen. Im Gegensatz zu einer Single-Switch-Topologie bietet die verwendete FatTree-Topologie außerdem gute Eigenschaften hinsichtlich der Skalierbarkeit (vgl. [32]), sodass auch ein Betrieb mit wesentlich mehr Geräten realisierbar ist. Neben der FatTree-Topologie ist das System auch mit in Automatisierungsumgebungen verbreiteten Ringtopologien und linearen Topologien problemlos einsetzbar.

6 Diskussion und Ausblick

In diesem Kapitel sollen die festgestellten Eigenschaften des Systems diskutiert werden. Es ist in drei Teile aufgeteilt:

- Erläuterung von Nachteilen und Herausforderungen, die an Hand der vorliegenden Implementierung festgestellt werden konnten und Vorstellung von Maßnahmen, um diese Probleme zu beheben
- Zusammenfassung der erreichten Ziele und der Vorteile des Systems
- Ausblick auf Möglichkeiten zur Weiterentwicklung des Systems, die über das Beheben von festgestellten Nachteilen hinausgehen

6.1 Herausforderungen und Nachteile des Konzepts

Das erste bereits in Kapitel 3.3 genannte Problem betrifft die Festlegung der Echtzeitanforderungen. Benötigt eine Anwendung eine sehr geringe maximale Übertragungslatenz, soll jedoch nur relativ selten Daten senden ($t_{SendCycle} > t_{MaxLatency}$), so müssen zur Einhaltung der Übertragungslatenz sehr viele Zeitschlitze zur Verfügung gestellt werden, von denen viele überhaupt nicht genutzt werden. Hierbei handelt es sich nicht um ein alleiniges Problem des im Rahmen dieser Arbeit entworfenen Systems, sondern um ein allgemeines Problem von Zeitschlitzverfahren mit vorab festgelegten Zeitschlitzen. Dieses Problem sollte bei der Festlegung der Echtzeitanforderungen für einen Flow/eine Anwendung berücksichtigt werden. Lässt sich eine solche ungünstige Konfiguration ($t_{SendCycle} > t_{MaxLatency}$) nicht vermeiden, so sollte in Betracht gezogen werden, den Zeitpunkt der Datenerzeugung durch die Anwendung auf den gegebenen Zeitschlitz abzustimmen, sodass die Wartezeit in der Queue reduziert wird und die Reservierung vieler ungenutzter Zeitschlitze nicht mehr notwendig ist.

Als größte Herausforderung bei der Realisierung des vorgestellten Konzepts hat sich im Rahmen dieser Arbeit die Synchronisierung gezeigt. Trotz des einfachen Prinzips gibt es hierbei einige nur schwer lösbare Probleme. Die Genauigkeit der Synchronisierung wird durch die zeitliche Auflösung der Endgeräte begrenzt. Daher werden zwischen den Zeitschlitzen Sicherheitsabstände benötigt, deren Größe den maximal möglichen Zeitabweichungen zwischen den Endgeräten entspricht. Dadurch entsteht ein bedeutender

Overhead für jeden vergebenen Zeitschlitz. Um diesen Overhead zu reduzieren, sollte bei zukünftigen Implementierungen des Konzepts darauf geachtet werden, dass die zeitliche Auflösung um Größenordnungen unterhalb der typischen Zeitschlitzlänge liegt, da die benötigten Sicherheitsabstände in diesem Fall klein gegenüber dem tatsächlich genutzten Zeitschlitz werden. Ein weiteres Problem bei der Synchronisierung ist die Kompensation von Frequenzunterschieden. Da diese Kompensation ebenfalls fehlerbehaftet ist, vergrößert sich die zeitliche Abweichung zwischen den Endgeräten im Laufe der Zeit und macht eine erneute Synchronisierung erforderlich. Je länger zwischen erstmaliger Synchronisierung und der Kompensation von Frequenzunterschieden gewartet wird, desto präziser können Frequenzunterschiede ermittelt und im Folgenden kompensiert werden. Dies erlaubt anschließend einen längeren Betrieb, ohne dass sich die Zeitabweichung zwischen den Endgeräten in relevantem Ausmaß vergrößert, sodass eine erneute Synchronisierung seltener erfolgen muss. Allerdings erhöht die Wartezeit zwischen erstmaliger Synchronisierung und Kompensation der Frequenzunterschiede die Dauer des Startvorgangs des gesamten Systems, sodass hier eine Abwägung zwischen häufigerer Resynchronisierung und längerer Startzeit getroffen werden muss. Außerdem problematisch ist die Synchronisierung, da sich die Frequenzen der Endgeräte durch Umgebungseinflüsse ändern können. Dieses Problem sollte in Zukunft genauer analysiert werden, um zu beurteilen, ob die Frequenzänderung durch Umgebungseinflüsse Ausmaße annehmen kann, die die korrekte Funktionsweise des Kommunikationssystems beeinträchtigen.

Neben der Synchronisierungsungenauigkeit führt auch die variable Verzögerung durch Switches zu einem Overhead für jeden vergebenen Zeitschlitz. Vor allem für längere Routen, bei denen sich die benötigten Sicherheitsabstände mit jedem durchlaufenen Switch weiter erhöhen, stellt dies ein großes Problem dar. Dieser Overhead kann im Vergleich zum in Kapitel 5.3 gezeigten Einfluss der Switches zukünftig jedoch reduziert werden, da die dort verwendeten Werte für die minimale und maximale Switchverzögerung durch Messmethoden mit relativ hohen Messungenauigkeiten ermittelt wurden. Eine Bestimmung der Switchparameter mit genaueren Messmethoden würde daher die Effizienz des Systems verbessern. Durch den Einsatz von Switches mit Unterstützung von Cut-Through-Switching sollte es außerdem möglich sein, diesen Overhead nahezu vollständig zu beseitigen.

Auch der Overhead durch unterschiedliche Softwareverzögerungen kann zukünftig noch reduziert werden. Die Bestimmung der Parameter $t_{MinSoftware}$ und $t_{MaxSoftware}$ in Kapitel 5.1.1 unterlag ebenfalls der relativ großen Messungenauigkeit der Endgeräte und die im weiteren Testverlauf verwendeten Werte fallen durch das nochmalige Auf- bzw. Abrunden der Messwerte sehr pessimistisch aus. Hinzu kommt, dass die ermittelten Werte mangels besserer Messmethoden nicht nur die relevante Verarbeitungszeit vor dem Senden ($t_{Software_S}$) beinhalten, sondern auch die Verarbeitungszeit im Netzwerkstack auf der Empfängerseite, welche für den benötigten Sicherheitsabstand nicht relevant ist. Der auf Grund unterschiedlicher Softwareverzögerungen tatsächlich benötigte Sicherheitsabstand zwischen den Zeitschlitzen ist daher insgesamt deutlich geringer als in Kapitel 5 gezeigt.

Ein bereits genanntes Problem der im Rahmen dieser Arbeit entwickelten Endgeräte-Implementierung ist es, dass gleichzeitiges Senden und Empfangen von Daten die Einhaltung von Echtzeitanforderungen verhindern kann. Während dieses Szenario bei den in Kapitel 5 durchgeführten Messungen durch die Wahl passender Trafficmuster vermieden wurde, muss zukünftig eine Lösung für das Problem in das System integriert werden. Entweder müssen die durch gleichzeitiges Senden und Empfangen möglichen Verzögerungen bei der Berechnung der Übertragungslatenz vom Controller berücksichtigt werden, sodass dieser prüfen kann, ob die maximal zulässige Latenz unter diesen Umständen weiterhin eingehalten werden kann, oder eine zusätzliche Verzögerung in der Softwareverarbeitung der Endgeräte durch gleichzeitiges Senden und Empfangen muss vermieden werden, indem die entsprechenden Aufgaben parallel auf verschiedenen Prozessorkernen ausgeführt werden. Bei diesem Problem handelt es sich nicht um ein alleiniges Problem des entworfenen Konzepts. Andere Echtzeitsysteme unterliegen prinzipiell der gleichen Einschränkung. Es ist außerdem fragwürdig, ob dieses Problem bei der Entwicklung eines Kommunikationssystems berücksichtigt werden sollte oder besser vollständig den Entwicklern der Endgeräte und Anwendungen überlassen werden sollte.

6.2 Vorteile des Konzepts

Trotz der genannten Probleme bezüglich der Synchronisierung und der Effizienz bietet das neue Konzept auch viele Vorteile. Ein wichtiger Aspekt ist die einfache Realisierbarkeit ohne spezielle Hardware.

Da der Controller nur der Vorbereitung der echtzeitfähigen Kommunikation dient, an der er selbst später nicht beteiligt ist, muss die Implementierung des Controllers nicht auf Echtzeitfähigkeit geprüft werden. Daher ist es möglich, auf Frameworks zur Programmierung von SDN-Controllern (z.B. POX) zurückzugreifen, die bereits in den verschiedensten Programmiersprachen existieren. Auch existierende Standardbibliotheken der jeweiligen Programmiersprachen sind daher einsetzbar. Betrieben werden kann der Controller auf einem beliebigen PC mit einem Standard-Betriebssystem, sodass er sich insgesamt kostengünstig realisieren lässt.

Die eingesetzten Switches müssen vollständig nicht blockierend sein, damit die vom vorgestellten Controlleralgorithmus vorgesehenen Routen und Zeitpläne, die auch gleichzeitige Kommunikation über eine beliebige Kombination von mehreren Ports eines Switches enthalten können, eingehalten werden können. Darüber hinaus sollten sie fähig sein, die Paketweiterleitung unter Nutzung von OpenFlow-Regeln mit möglichst konstanter Verzögerung durchzuführen. Ausreißer in der Switchverzögerung sind nicht zulässig. Wie die Ergebnisse aus Kapitel 5 gezeigt haben, werden diese Anforderungen bereits gut durch existierende Datacenter-Switches mit OpenFlow-Verarbeitung in Hardware erfüllt. Da bereits viele derartige Switches auf dem Markt verfügbar sind, ist auch diese Anforderung leicht erfüllbar und mit relativ geringen Kosten verbunden. Auf Grund des Trends hin zu SDN ist außerdem zukünftig mit der Verfügbarkeit weiterer Switches mit OpenFlow-Unterstützung in Hardware in den verschiedensten Preisklassen zu rechnen. Weitere spezielle Anforderungen werden nicht an die Switches gestellt, da sie nicht an der Regelung der Kommunikation beteiligt sind und daher keine besonderen Echtzeit-Erweiterungen benötigen.

Die Erweiterung von Endgeräten um den benötigten Synchronisierungs- und Queue-Mechanismus kann vollständig in Software erfolgen. Hierbei wird zwar ein Echtzeitbetriebssystem benötigt, das der Synchronisierung und dem Sendethread der Queue ein zeitgenaues Scheduling ermöglicht, allerdings muss dieses auf einem für echtzeitfähige Kommunikation vorgesehenen Endgerät ohnehin eingesetzt werden, unabhängig vom verwendeten Kommunikationssystem. An dieser Stelle wird also keine außergewöhnliche Anforderung gestellt. Zudem gibt es bereits eine Vielzahl existierender Echtzeitbetriebssysteme, die zu diesem Zweck einsetzbar sind. Endgeräte-Implementierungen ohne Betriebssystem sind selbstverständlich sowohl in Software als auch in Hardware ebenfalls vorstellbar.

Insgesamt zeigt sich, dass das vorgestellte Kommunikationssystem nur seitens der Endgeräte spezielle Anpassungen an die Echtzeitfähigkeit erfordert, und dass **keine angepasste Hardware** notwendig ist. Damit werden die geringstmöglichen Anforderungen gestellt, mit denen sich eine echtzeitfähige Kommunikation über Ethernet realisieren lässt, wodurch das vorgestellte Konzept gegenüber vielen existierenden Industrial-Ethernet-Lösungen einen Vorteil bietet.

Ein weiterer interessanter Aspekt für die echtzeitfähige Kommunikation ist die Ausfallsicherheit des Kommunikationssystems. Obwohl das vorgestellte Konzept einen zentralen Controller besitzt, besteht kein erhöhtes Risiko für einen Ausfall des Systems. Nach der Startphase und der Verteilung des Sendezeitplans an die Endgeräte ist der Controller nicht mehr an der Kommunikation beteiligt, sodass er **keinen typischen Single Point of Failure (SPoF)** darstellt, wie es zum Teil bei anderen Industrial-Ethernet-Systemen mit einer dauerhaften Einbindung eines Masterknotens in die Kommunikation der Fall ist. Ein Kommunikationsausfall kann also nur einzelne Teile des Netzwerks betreffen, falls Switches, einzelne Verbindungen oder Endgeräte ausfallen. Der Controller wird nur für den Neustart eines Systems, z.B. auf Grund von Änderungen an der Topologie oder den angeschlossenen Endgeräten, benötigt. Auch hier stellt ein Ausfall des Controllers jedoch kein nennenswertes Problem dar, da er aus den oben genannten Gründen außerordentlich leicht zu ersetzen ist. Die aktuelle Forschung zum gleichzeitigen Einsatz mehrerer oder verteilter OpenFlow-Controller in einem Netzwerk [33] [34] wird voraussichtlich dazu beitragen, diese Problematik zukünftig weiter zu reduzieren.

Kapitel 5 hat außerdem gezeigt, dass das System nicht nur leicht realisierbar ist, sondern bei Einsatz eines Switches mit OpenFlow-Verarbeitung in Hardware auch hervorragende Ergebnisse erzielt werden können. Trotz der genannten Probleme bei der Effizienz durch notwendige Sicherheitsabstände zwischen den Zeitschlitzen konnten bereits mehrere Endgeräte unter **Einhaltung von Echtzeitanforderungen der Klasse 2** miteinander kommunizieren. Die dabei verwendete Zeitschlitzlänge ist ausreichend, um problemlos die in einer Automatisierungsumgebung typischerweise benötigten Datenmengen zu übertragen. Mit den in Kapitel 6.1 gemachten Vorschlägen zur Steigerung der Effizienz kann das System voraussichtlich auch bei der in Zukunft weiter steigenden Anzahl von kommunizierenden Geräten im Netzwerk eine zuverlässige Kommunikation unter Einhaltung sehr hoher Anforderungen garantieren. Dabei können, wie bereits am Beispiel des FatTree gezeigt, komplexe Topologien durch den Controlleralgorithmus effektiv ausgenutzt werden, was einen Vorteil gegenüber vielen existierenden IE-Systemen darstellt und wichtig für die **Skalierbarkeit** ist, da die zur Verfügung stehenden Netzwerkressourcen erst durch das Zulassen gleichzeitiger Kommunikation effizient genutzt werden können. Der erweiterte Algorithmus mit Zuteilung verschiedener Zykluszeiten zu den einzelnen Endgeräten erlaubt zudem den gleichzeitigen Betrieb von Geräten mit sehr unterschiedlichen Anforderungen in einem Netzwerk.

Durch das Erfragen von Kommunikationsanforderungen bei den Endgeräten oder die zentrale Konfiguration des Trafficmusters im Controller und die automatische Konfiguration von Routen und Zeitplan durch einen Controlleralgorithmus weist das System einen **geringen manuellen Konfigurationsaufwand** auf. Für die Anwendungen ist es transparent, da der Medienzugriff durch eine Erweiterung des Netzwerkstacks geregelt wird und die Kommunikation über standardkonforme UDP/IP-Pakete ermöglicht wird.

Darüber hinaus werden weitere SDN-typische Vorteile wie die einfache Weiterentwicklung und gute Anpassungsfähigkeit durch die Programmierbarkeit des Controllers und die flow-basierte, sehr fein-strukturierte Kontrolle über Routen und Zeitschlitze geboten. Diese flow-basierte Kontrolle des Netzwerks ermöglicht nicht nur eine gerätespezifische Zuteilung von Netzwerkressourcen, sondern auch die Zuteilung an bestimmte Anwendungen auf einem Gerät.

6.3 Ausblick

Da im Rahmen dieser Arbeit ein vollständiges, echtzeitfähiges Kommunikationssystem entworfen und implementiert wurde, konnte aus Zeitgründen noch nicht jede einzelne

Komponente im Detail analysiert und optimiert werden. Daher ist bei einigen Komponenten des Systems noch eine genauere Untersuchung empfehlenswert und es bestehen noch viele Möglichkeiten zu Weiterentwicklung des Systems.

Die Echtzeitfähigkeit der Endgeräte und der OpenFlow-Switches wurde hier vor allem anhand der erzielten Messergebnisse beurteilt, welche dem ZedBoard mit FreeRTOS und dem HP 2920 ohne Zweifel bescheinigen, dass ein Einsatz in einer Echtzeitumgebung möglich ist. Neben dieser empirischen Beurteilung sollte jedoch auch noch eine theoretische Betrachtung erfolgen, die auch die genaue interne Funktionsweise des OpenFlow-Switches und des Ethernetcontrollers des ZedBoards umfasst, um zu überprüfen, dass unter keinen Umständen nennenswerte, unerwartete Verzögerungen bei der Paketverarbeitung eintreten können. Diese Überprüfung ist notwendig, um die Echtzeitfähigkeit dieser Standard-Hardwarekomponenten abschließend zu bestätigen.

Auch im Bereich der Algorithmen zur Routenfindung und Zeitplanung sind weitere Arbeiten notwendig. So sollten die entwickelten Algorithmen hinsichtlich der Güte der gefundenen Lösungen, der Komplexität und der Laufzeit untersucht werden. Diese Eigenschaften der verwendeten Algorithmen sind maßgeblich für die Leistungsfähigkeit und Skalierbarkeit des Systems. Für eine hohe Leistungsfähigkeit bezüglich geringer einhaltbarer Übertragungslatenzen sind kurze Routen notwendig. Die Skalierbarkeit kann in zwei Aspekte aufgeteilt werden. Zum einen muss ein gefundener Routen- und Zeitplan die zur Verfügung stehende Topologie effizient nutzen (Ausnutzung aller Links und hohes Maß an gleichzeitiger Kommunikation), was eine große Anzahl von Flows ermöglicht und den Anwendungen hohe Bandbreiten zur Verfügung stellt. Zum anderen muss der Routen- und Zeitplan jedoch auch in akzeptabler Zeit berechenbar sein, um den Startvorgang des Systems nicht extrem zu verlangsamen. Das Erfüllen beider Aspekte stellt ein großes mathematisches Problem dar. Die mit den bisher entwickelten Algorithmen erzielten Ergebnisse sind akzeptabel, eine detaillierte Analyse steht allerdings noch aus. Außerdem ist es möglich, dass sich in den verwandten Themenbereichen der Routing- und Schedulingtheorie weitere Lösungsansätze finden lassen, mit deren Hilfe neue Algorithmen zur Erstellung der Routen und Sendezeitpläne entwickelt werden können, die eine bessere Lösungsgüte oder Skalierbarkeit bieten. Beispielsweise können sehr unterschiedliche Anforderungen hinsichtlich der Zeitschlitzlänge für die verschiedenen Flows dazu führen, dass die im Rahmen dieser Arbeit entwickelten Algorithmen keine guten Ergebnisse mehr liefern. Zukünftig sollten auch Algorithmen entwickelt werden, die in diesem Szenario bessere Ergebnisse liefern.

Die Schnittstellen des SDN-Controllers (Northbound API und Southbound API) bieten noch Potenzial zur Erleichterung des praktischen Einsatzes des vorgestellten Systems. Beispielsweise wurden die Minimalwerte und Maximalwerte von $t_{Software}$ und t_{Switch} bisher als Konstante im Quellcode des Controllers angegeben. Zukünftig wäre es ratsam, das OpenFlow-Protokoll zu erweitern, sodass eine Bekanntgabe der minimalen und maximalen Switchverzögerung z.B. in der Features-Reply-Nachricht des Switches möglich ist. Dadurch wäre auch der gleichzeitige Einsatz verschiedener Switches in dem vorgestellten Kommunikationssystem möglich, da der Controller bei der Erstellung der Belegungspläne für jeden durchlaufenen Switch die korrekte Verzögerung berücksichtigen kann. Die minimale und maximale Softwareverzögerung könnte von den Endgeräten z.B. im nichtstatischen Modus zusammen mit den erforderlichen Flows in der entsprechenden JSON-Nachricht angegeben werden. So wären zukünftig auch unterschiedliche Endgeräte in einem Netzwerk problemlos einsetzbar. Des Weiteren sollte das vorgestellte Gesamtsystem mit einer realen Anwendung getestet werden, da nur so mögliche Herausforderungen bei der Anpassung der Endgeräte an das Kommunikationssystem aufgedeckt werden können und festgestellt werden kann, ob die bisher definierte Northbound API auch in der Praxis ausreichend ist.

Außerdem wurden einige für den längerfristigen Betrieb des Systems notwendige Maßnahmen noch nicht festgelegt. Dies betrifft vor allem die erneute Synchronisierung, um die im Laufe der Zeit entstehenden Zeitabweichungen zwischen den Endgeräten zu korrigieren. Es muss noch entschieden werden, wie häufig die erneute Synchronisierung stattfinden sollte und auf welchem Weg diese durchgeführt wird. Entweder muss es zur Durchführung der Resynchronisierung regelmäßige geplante Unterbrechungen der Echtzeitkommunikation geben, oder für die Resynchronisierung wird ein Mechanismus entworfen, der selbst innerhalb von Zeitschlitzen arbeitet. Eine weitere wichtige Eigenschaft für den längerfristigen Betrieb des Systems mit realen Anwendungen ist die Anpassungsfähigkeit an sich ändernde Netzwerktopologien und an Änderungen an den angeschlossenen Endgeräten. Endgeräte sollten beispielsweise das Netzwerk verlassen, neu hinzukommen, oder auch ihre Kommunikationswünsche ändern können, ohne dass die Echtzeitkommunikation des restlichen Netzwerks unterbrochen wird. Vom derzeitigen Standpunkt aus wird es voraussichtlich möglich sein, Funktionen zu entwickeln, die eine dynamische Änderung der Netzwerkteilnehmer ohne Unterbrechung der Echtzeitkommunikation erlauben. Auf Veränderungen an den vorhandenen Switches und deren Verbindungen sollte ebenfalls schnell reagiert werden können, auch wenn Änderungen an dieser Stelle im Allgemeinen nicht ohne teilweise Unterbrechung der Echtzeitkommunikation möglich sind.

Eine weitere Möglichkeit zur Steigerung von Effizienz und Kompatibilität des Systems ist die Unterstützung weiterer Protokolle. Innerhalb eines Subnetzes sollte die Übertragung von Prozessdaten ohne den Overhead von UDP/IP ermöglicht werden. Stattdessen sollte die Übertragung von in Automatisierungsumgebungen üblichen Protokollen (z.B. CANopen) direkt im Ethernet Frame ermöglicht werden. Zur Unterstützung beliebiger IT-Anwendungen sollte außerdem die Übertragung von TCP/IP-Paketen innerhalb von Zeitschlitzen realisiert werden.

Abschließend sei gesagt, dass auch ein Vergleich zu anderen möglichen SDN-basierten Lösungen zur Echtzeitkommunikation noch aussteht. Eine grundlegend andere Möglichkeit zur Echtzeitkommunikation mittels SDN wäre beispielsweise der Einsatz von Bandbreitenbegrenzungen anstelle von Zeitschlitzen für einzelne Flows.

7 Verwandte Arbeiten

7.1 Achieving end-to-end real-time Quality of Service with Software Defined Networking [35]

Für das in [35] vorgestellte Echtzeitkommunikationssystem wurden Ziele verfolgt, die mit denen des im Rahmen dieser Arbeit entworfenen Systems weitgehend vergleichbar sind. Das dort vorgestellte System nutzt ebenfalls die zentrale Sicht des SDN-Controllers auf die Topologie des Netzwerks, sowie dessen Programmierbarkeit, um ein komplexes Routing- und Medienzugriffsverfahren zu realisieren, das eine bessere Ausnutzung der vorhandenen Netzwerkressourcen als bei herkömmlichen IE-Systemen ermöglicht.

Der grundlegende Unterschied des dort vorgestellten Systems besteht darin, dass kein Zeitschlitzverfahren verwendet wird. Die Echtzeitfähigkeit des Systems wird durch eine Begrenzung der zugelassenen Datenrate der im Netzwerk vorhandenen Flows erreicht. So wie bei dem im Rahmen dieser Arbeit entworfenen System für jeden Link im Netzwerk ein zeitlicher Belegungsplan erstellt wird, um Paketverluste durch eine Überlastung eines Links oder Verzögerungen durch Zeitschlitz-Überschneidungen zu vermeiden, wird dort für jeden Link die Einhaltung der insgesamt zur Verfügung stehenden Datenrate überprüft. Die Analyse in [35] zeigt, dass die für jeden Link durchzuführenden Betrachtungen zur Sicherstellung der Echtzeitfähigkeit wesentlich komplexer sind, als die Überprüfung der Konfliktfreiheit von zyklischen Zeitschlitzen. Die Einhaltung der offensichtlichen Bedingung, dass die Summe der Datenraten aller Flows, die einen bestimmten Link nutzen, maximal so groß sein darf wie die auf dem Link zur Verfügung stehende Bandbreite, ist nicht ausreichend.

Ohne ein Zeitschlitzverfahren kann es passieren, dass in einem Switch gleichzeitig Daten von verschiedenen Flows ankommen, die alle für die Weiterleitung auf dem gleichen Link vorgesehen sind. Der Switch muss die Daten in diesem Fall in eine Queue einreihen, aus der sie dann nacheinander gesendet werden. Diese Queue muss einen ausreichend großen Speicher für alle gleichzeitig eingetroffenen Daten besitzen. Derartige Queues sind in einem Switch in der Regel pro ausgehendem Link vorhanden, sodass die Weiterleitung auf unterschiedlichen Links unabhängig voneinander ist. Das Problem für ein Echtzeitkommunikationssystem ist die Überprüfung, ob die Queue-Buffer eines Switches ausreichend dimensioniert sind und ob die durch die Queue entstehenden Verzögerungen akzeptabel sind. Dieses Problem wird dadurch verstärkt, dass Daten nicht entsprechend der für einen Flow spezifizierten Datenrate in einzelnen Bytes beim Switch ankommen, sondern in Bursts (Ethernet Frames).

Ein weiteres Problem bei der Nutzung von Queues ist die Einhaltung hoher Echtzeitanforderungen (geringe maximal zulässige Latenz). Um auf einem Link viele verschiedene Flows zuzulassen ist ein großer Queue-Buffer notwendig, um den schlimmsten Fall vieler gleichzeitig eintreffender Pakete für den jeweiligen Link ohne Datenverluste abfangen zu können. Durch große Queues können jedoch hohe Verzögerungen entstehen und hohe Echtzeitanforderungen sind nicht mehr einzuhalten. Dieses Problem wird in [35] durch Verwendung mehrerer Queues für jeden Link berücksichtigt. Die Queues erhalten verschiedene Prioritäten und ermöglichen so geringere Latenzen bei Nutzung von Queues mit höherer Priorität. Die maximal auftretende Verzögerung bei Verwendung einer bestimmten Queue lässt sich laut [35] berechnen, sodass sich auch die maximale Gesamtverzögerung bei Nutzung eines bestimmten Pfades durch das Netzwerk angeben lässt.

Wie bei dem im Rahmen dieser Arbeit vorgestellten System müssen die benötigten Flows und deren Anforderungen gegenüber dem Controller bekannt gegeben werden. Die Anforderungsparameter eines Flows sind in dem Fall die maximal zulässige Latenz, die durchschnittliche Datenrate und die maximale Größe eines Bursts. Die maximal zulässige Latenz bezieht sich in [35] nur auf die Latenz innerhalb des Netzwerks und die Verzögerungen im Endgerät werden nicht betrachtet. Im Controller wird dann für den gewünschten Flow eine passende Route unter Einhaltung aller Bedingungen (Einhaltung der maximalen Latenz, ausreichende Queue-Buffer an allen Links, ausreichende Bandbreite an allen Links) gesucht. Die Komplexität ist daher wie bei dem Konzept dieser Arbeit im SDN-Controller konzentriert. Der Konfigurationsaufwand beider Systeme ist ebenfalls vergleichbar: Es müssen nur die Flows und Anforderungsparameter in den Endgeräten festgelegt werden, während Routen und Medienzugriff automatisch vom Controller organisiert werden. Spezielle Hardware wird von beiden Systemen vermieden.

In [35] wurden zwei verschiedene Lösungswege zur Bestimmung der Routen und der Zuteilung der Flows zu den verschieden priorisierten Queues vorgestellt. Der erste Lösungsweg (ein Greedy-Algorithmus) besitzt einen geringen Rechenaufwand, macht allerdings kaum Gebrauch von der zentralen Sichtweise des SDN-Controllers auf das Netzwerk und nutzt die zur Verfügung stehende Topologie nicht effizient aus. Er soll die mit herkömmlicher Netzwerktechnologie erreichbare Effizienz wiederspiegeln und als Vergleich dienen. Der zweite Lösungsweg (ein Mixed Integer Program; MIP) betrachtet bei der Routensuche für einen Flow alle zur Verfügung stehenden Routen und kann die zur Verfügung stehenden Netzwerkressourcen wesentlich besser auslasten. Das Resultat ist eine wesentlich größere Anzahl von Flows, die über das gleiche Netzwerk kommunizieren können. Laut den Autoren ist der Rechenaufwand des MIP jedoch für den praktischen Einsatz zu groß und die Entwicklung weniger aufwändiger Algorithmen mit guten Lösungen steht noch aus. Das bisher entwickelte MIP soll dabei als Referenz dienen, da es die optimale Lösung findet. Die in [35] präsentierten Ergebnisse sind leider nicht direkt mit den Ergebnissen dieser Arbeit vergleichbar, da ein sich stark unterscheidendes Testszenario gewählt wurde.

Der Hauptvorteil des Konzepts mit Ratenlimitierungen anstelle von Zeitschlitzen ist die vereinfachte Endgeräte-Implementierung. Diese benötigen keinen aufwändigen Synchronisierungsmechanismus und die Implementierung einer Ratenlimitierung ist voraussichtlich einfacher als die zuverlässige Einhaltung von Zeitschlitzen. Außerdem hat das MIP sehr vielversprechende Ergebnisse bezüglich der Ausnutzung der Topologie geliefert.

Ein Nachteil des Systems ist der größere Rechenaufwand im Controller. Des Weiteren sind hohe Echtzeitanforderungen schwieriger zu erfüllen, da die Queue-Verzögerungen in jedem einzelnen Switch zu berücksichtigen sind. Auch Jitter lässt sich nicht zuverlässig eliminieren, da die Übertragungslatenz vom Verhalten anderer Netzwerkteilnehmer abhängig ist.

Insgesamt ist das in [35] vorgestellte System vielversprechend und teilt grundlegende Ideen mit dem im Rahmen dieser Arbeit entworfenen System. Eine Analyse beider Systeme mit einem vergleichbaren Testszenario wäre daher zukünftig wünschenswert.

7.2 Enhancing the Quality Level Support for Real-time Multimedia Applications in Software-Defined Networks [36]

Das in [36] mit Hilfe von SDN realisierte System dient der Einhaltung weicher Echtzeitanforderung und besitzt somit eine abweichende Zielsetzung. Es soll hier dennoch kurz vorgestellt werden, da es zeigt, dass es trotz der unterschiedlichen Zielsetzung Überschneidungen bei den zur Lösung des Problems angewendeten Methoden gibt. Diese Gemeinsamkeiten könnten zukünftig beispielsweise zu einer umfassenden Wiederverwendbarkeit von SDN-Controllermodulen in den unterschiedlichen Systemen führen und darüber hinaus eine einfache Realisierung von SDN-gestützten Kommunikationssystemen ermöglichen, die QoS-Funktionen für die verschiedenen Echtzeitklassen in einem einzigen Netzwerk realisieren.

Das vorgestellte System realisiert folgende Module auf Basis der durch den SDN-Controller zur Verfügung gestellten Informationen:

- Einen **Network Topology Mapper**, der regelmäßig eine Topologiedatenbank aktualisiert.
- Einen **Network Status Collector**, der die Bandbreiten der Links und Informationen über deren aktuelle Nutzung zur Verfügung stellt.
- Einen **Dynamic Path Inserter**, der zur Installation von geplanten Routen genutzt werden kann.
- Einen **Path Finder**, der unter Berücksichtigung von Anwendungsanforderungen und der vorhandenen Topologie mit Hilfe eines mathematischen Modells Routingentscheidungen trifft.
- Einen **Watch Dog**, der die vom Network Status Collector zur Verfügung gestellten Informationen nutzt, um zu erkennen, wann die Mindestanforderungen (z.B. bzgl. Bandbreite) eines Flows unterschritten werden und daher eine Neuberechnung von Pfaden durch den Path Finder notwendig ist. Nach der Neuberechnung der Pfade wird der Dynamic Path Inserter zur Installation dieser Pfade genutzt.
- Ein **QoS Management & Orchestration**-Modul, dass zur Verbindung aller anderen Module dient.

Von besonderem Interesse ist das mathematische Modell des Path Finders. Die Berechnung der Pfade erfolgt durch ganzzahlige lineare Optimierung (Integer Linear Programming, ILP). Das verwendete Modell berücksichtigt Vorgaben der Anwendungen hinsichtlich der zulässigen Paketverluste und der zulässigen Übertragungslatenz, sowie die Einhaltung der zur Verfügung stehenden Bandbreite auf allen Links. Ähnlich zu [35] handelt es sich also um ein primär bandbreitenorientiertes Verfahren zur Verwaltung der Netzwerkressourcen. Im Gegensatz zu [35] wird die Einhaltung der maximal zur Verfügung stehenden Buffer an den Switchports allerdings nicht analysiert, da Paketverluste in geringfügigem Ausmaß für Anwendungen ohne harte Echtzeitanforderungen akzeptabel sind. Die Lösung des Routingproblems mit Hilfe des formulierten mathematischen Modells ist sehr rechenaufwändig [36] und daher derzeit nur für kleine Netzwerke in akzeptabler Zeit möglich.

Leider geht aus [36] nicht die vollständige vorgesehene Arbeitsweise des Systems hervor. Beispielsweise wird nicht auf den Zusammenhang zwischen Link-Auslastung und zu erwartenden Paketverlusten eingegangen. Außerdem wird nicht genau erläutert, welche Eingangsparameter des mathematischen Modells zur Routenplanung explizit gegenüber dem Controller geäußerte Anforderungsparameter eines Flows sind, und welche sich aus gesammelten Netzwerkstatistiken ergeben.

Dennoch ist die grundlegende Idee, das Erfüllen weicher Echtzeitanforderungen durch Sammeln von Netzwerkstatistiken zu überprüfen und nur im Bedarfsfall eine Neuberechnung der Routen auf Basis aktueller Statusinformationen durchzuführen, nachvollziehbar. Der Hauptvorteil ist das Zulassen von Anwendungen, die keine Aushandlung von QoS-Parametern mit dem Controller zulassen und vergleichsweise unkontrolliert senden. Das Netzwerk passt sich dann reaktiv auf die beobachteten Trafficmuster an. Derartige ungeregelte Kommunikation ist in hart echtzeitfähigen Kommunikationssystemen nicht oder nur durch eine strikte Priorisierung bestimmter Flows möglich.

8 Zusammenfassung

Ein grundlegendes Prinzip der Medienzugriffsregelung, das von einigen existierenden IE-Systemen angewendet wird, ist die Zuteilung von Zeitschlitzen zu den einzelnen Endgeräten. Die zeitliche Trennung der Kommunikation verhindert unerwartete Verzögerungen bei der Datenzustellung und macht das System im Gegensatz zu Standard-Ethernet echtzeitfähig. Im einfachsten Fall darf ein Endgerät während seines Zeitschlitzes Daten an beliebige andere Endgeräte senden. Hierfür muss während des Zeitschlitzes die gesamte Topologie für das eine sendende Endgerät reserviert werden und mehrere gleichzeitig sendende Endgeräte sind nicht möglich.

Das im Rahmen dieser Arbeit entwickelte Echtzeitkommunikationssystem nutzt dagegen ein erweitertes Zeitschlitzverfahren, das Kenntnisse über die Topologie und Kommunikationsmuster der Endgeräte ausnutzt. Ist neben dem Sender auch der Empfänger der Daten und die Topologie des Netzwerks bekannt, so kann der Datenübertragung neben einem Zeitschlitz auch eine feste Route zugewiesen werden. Durch die bekannten Routen ist es möglich, dass mehrere Sender gleichzeitig Daten senden, die auf sich nicht überschneidenden Routen ihren Weg zum Empfänger finden. Die Routen- und Zeitplanung erfolgt in der Controller-Software, die hier einen erweiterten Dijkstra-Algorithmus einsetzt, der nur Routen findet, die sich nicht mit anderen Routen überschneiden, die zum vorgesehenen Nutzungszeitraum ebenfalls aktiv sind. Die Implementierung eines solchen Verfahrens ist mit Hilfe von SDN problemlos möglich, da die zentrale Sicht des Controllers auf das Netzwerk alle benötigten Informationen bereitstellt und dessen Programmierbarkeit komplexe Verfahren zur Routen- und Zeitplanung erlaubt. Der Controller nutzt eine im Rahmen dieser Arbeit neu entworfene Northbound API, um benötigte Kommunikationsverbindungen bei den Endgeräten zu erfragen. Die benötigten Verbindungen können dabei fein strukturiert durch Flows angegeben werden. Nach der Planung nutzt der Controller die Northbound API, um den Endgeräten die flowspezifischen Zeitschlitze mitzuteilen. Die Routen werden mittels einer Southbound API (hier: OpenFlow) in den Switches installiert.

Zur Realisierung des Konzepts wurden im Rahmen dieser Arbeit folgende Komponenten im SDN-Controller (POX) implementiert:

- Topologie- und Hosterkennung (Erweiterung existierender POX-Module)
- Erkennung benötigter Kommunikationsverbindungen durch Erfragen bei den Endgeräten über eine Northbound API oder durch statische Festlegung im Controller
- Routen- und Zeitplanungsalgorithmen zur Erstellung eines Sendezeitplans (Zeitschlitze)

In den verwendeten Endgeräten wurden folgende Komponenten implementiert:

- Ein Synchronisierungsmechanismus, um das Senden in Zeitschlitzen zu ermöglichen
- Eine Queue, die Pakete nur im vorgesehenen Zeitschlitz sendet
- Ein Manager, der über die Northbound API mit dem SDN-Controller kommuniziert und mehrere Queues für unterschiedliche Flows verwaltet und deren Zeitschlitze entsprechend der Vorgaben des SDN-Controllers konfiguriert

Für das implementierte System wurde die Inbetriebnahme erläutert und anschließend die korrekte Funktionsweise demonstriert.

Das vorgestellte Konzept erfüllt alle wichtigen Anforderungen an ein IE-System. Es enthält keinen typischen SPoF und die Konfiguration des Systems kann weitgehend automatisch erfolgen. Benötigte Kommunikationsverbindungen können im Controller oder den Endgeräten hinterlegt werden und der Sendezeitplan wird vom Controller automatisch erstellt. Spezielle Hardware ist seitens der Endgeräte nicht erforderlich, die erforderlichen OpenFlow-Switches sind ebenfalls problemlos erhältlich. Die Leistungsfähigkeit hinsichtlich Echtzeitanforderungen ist überzeugend und der Klasse 2 zuzuordnen. Darüber hinaus bietet das Konzept den Vorteil, beliebige, große Topologien durch das Zulassen einer gleichzeitigen Kommunikation mehrerer Endgeräte effizient nutzen zu können, was vor allem für zukünftige Anwendungen mit vielen Endgeräten einen Vorteil gegenüber vielen existierenden IE-Systemen darstellt. Mit einer optimierten Implementierung scheint außerdem das Erreichen der Klasse 3 bezüglich der Echtzeitfähigkeit realisierbar.

Die Effizienz des Systems wird derzeit vor allem durch die Zeitauflösung der Endgeräte und ungenaue Messmethoden für Software- und Switchverzögerungen begrenzt und ist somit kein prinzipielles Problem des Konzepts. Neben einer effizienteren Implementierung ist der wichtigste Aspekt bei der zukünftigen Entwicklung des Systems die Betrachtung der für einen längeren Betrieb notwendigen Mechanismen. Hierzu zählen z.B. die erneute Synchronisierung oder die dynamische Anpassung an Veränderungen der Netzwerktopologie.

Andere Arbeiten aus dem Themenbereich zeigen ähnliche grundlegende Ideen bei der Nutzung von SDN zur Realisierung einer Echtzeitkommunikation. Die Verwendung von Bandbreitenbegrenzungen anstelle von Zeitschlitzen sorgt jedoch für sich im Detail unterscheidende Systemeigenschaften. Neben Systemen zur Erfüllung von harten Echtzeitanforderungen befinden sich auch SDN-basierte Lösungen zur Erfüllung weicher Echtzeitanforderungen in der Entwicklung, bei denen eine dynamische Anpassung des Netzwerks auf Basis aktueller Nutzungsinformationen angestrebt wird. Auf Grund der Gemeinsamkeiten von Systemen für harte und weiche Echtzeitkommunikation scheint zukünftig auch der Entwurf von Systemen, die Anwendungen verschiedene Klassen der Echtzeitkommunikation im gleichen Netzwerk bieten, möglich. Ein zukünftiges SDN-basiertes Kommunikationssystem könnte beispielsweise drei Klassen der Kommunikation bieten:

- Hart echtzeitfähige Kommunikation für kritische Anwendungen
- Weich echtzeitfähige Kommunikation für Multimediaanwendungen
- Nicht echtzeitfähige Kommunikation für Anwendungen, die robust gegen Schwankungen der Verbindungsqualität sind und verbleibende Netzwerkressourcen auslasten können

Literaturverzeichnis

[1] P. Danielis, J. Skodzik, V. Altmann, E. B. Schweissguth, F. Golatowski und D. Timmermann, „Survey on Real-Time Communication Via Ethernet in Industrial Automation Environments," *19th IEEE International Conference on Emerging Technologies and Factory Automation (ETFA),* September 2014.

[2] G. C. Buttazzo, Predictable Scheduling Algorithms and Applications, Springer Science+Business Media, 2011.

[3] M. Felser, „Real Time Ethernet: standardization and implementations," *IEEE International Symposium on Industrial Electronics (ISIE),* Juli 2010.

[4] F. Klasen, V. Oestreich und M. Volz, Industrial Communication with Fieldbus and Ethernet, VDE Verlag GmbH, 2011.

[5] E. B. Schweißguth, „Literaturarbeit: Echtzeitdatenübertragung in Automatisierungsumgebungen," Rostock, 2013.

[6] HMS Industrial Networks GmbH, „CC-Link IE – Kommunikation," [Online]. Available: http://www.feldbusse.de/CClink-IE/cclinkIE_kommunikation.shtml. [Zugriff am 15 August 2015].

[7] F. Ogden, „Realtime Ethernet: CC-Link IE," *industrial ethernet book,* Issue 73, November 2012.

[8] Ethernet POWERLINK Standardization Group (EPSG), „How POWERLINK works," [Online]. Available: http://www.ethernet-powerlink.org/en/powerlink/technology/how-powerlink-works/. [Zugriff am 15 August 2015].

[9] E. B. Schweißguth, „Projektarbeit: Nutzung von SDN in der Mininet-Umgebung zur Optimierung einer Beispielapplikation," Rostock, 2015.

[10] N. Feamster, J. Rexford und E. Zegura, „The Road to SDN: An Intellectual History of Programmable Networks," *ACM Sigcomm Computer Communication Review (CCR),* April 2014.

[11] Open Networking Foundation, „Software-Defined Networking (SDN) Definition," [Online]. Available: https://www.opennetworking.org/sdn-resources/sdn-definition. [Zugriff am 6 August 2015].

[12] SDxCentral, „What's Software-Defined Networking (SDN)?," [Online]. Available: https://www.sdxcentral.com/resources/sdn/what-the-definition-of-software-defined-networking-sdn/. [Zugriff am 6 August 2015].

[13] SDxCentral, „What are SDN Northbound APIs?," [Online]. Available: https://www.sdxcentral.com/resources/sdn/north-bound-interfaces-api/. [Zugriff am 6 August 2015].

[14] U. Hoelzle, „OpenFlow @ Google," [Online]. Available: http://opennetsummit.org/archives/apr12/hoelzle-tue-openflow.pdf. [Zugriff am 15 August 2015].

[15] N. McKeown, T. Anderson, H. Balakrishnan, G. Parulkar, L. Peterson, J. Rexford, S. Shenker und J. Turner, „OpenFlow: Enabling Innovation in Campus Networks," *ACM Sigcomm Computer Communication Review (CCR)*, April 2008.

[16] B. Pfaff, B. Heller, D. Talayco, D. Erickson, G. Gibb, G. Appenzeller, J. Tourrilhes, J. Pettit, K. Yap, M. Casado, M. Kobayashi, N. McKeown, P. Balland, R. Price, R. Sherwood und Y. Yiakoumis, „OpenFlow Switch Specification v1.0.0," [Online]. Available: https://www.opennetworking.org/images/stories/downloads/sdn-resources/onf-specifications/openflow/openflow-spec-v1.0.0.pdf. [Zugriff am 7 August 2015].

[17] „POX Wiki," [Online]. Available: https://openflow.stanford.edu/display/ONL/POX+Wiki. [Zugriff am 8 August 2015].

[18] „POX on GitHub," [Online]. Available: https://github.com/noxrepo/pox. [Zugriff am 8 August 2015].

[19] „NOXRepo.org," [Online]. Available: http://www.noxrepo.org/. [Zugriff am 8 August 2015].

[20] „About NOX," [Online]. Available: http://www.noxrepo.org/nox/about-nox/. [Zugriff am 8 August 2015].

[21] „Kürzeste Wege in Graphen: Der Dijkstra-Algorithmus," [Online]. Available: https://www-m9.ma.tum.de/graph-algorithms/spp-dijkstra/index_de.html. [Zugriff am 15 August 2015].

[22] „JSON," [Online]. Available: http://json.org/json-de.html. [Zugriff am 11 August 2015].

[23] ECMA International, „The JSON Data Interchange Format - Standard ECMA-404," [Online]. Available: http://www.ecma-international.org/publications/files/ECMA-ST/ECMA-404.pdf. [Zugriff am 11 August 2015].

[24] Avnet, Inc., „ZedBoard," [Online]. Available: http://zedboard.org/product/zedboard. [Zugriff am 3 Juli 2015].

[25] Avnet, Inc., „ZedBoard Hardware User's Guide," [Online]. Available: http://zedboard.org/sites/default/files/documentations/ZedBoard_HW_UG_v2_2.pdf. [Zugriff am 3 Juli 2015].

[26] Xilinx, Inc., „Zynq-7000 All Programmable SoC Overview," [Online]. Available: http://www.xilinx.com/support/documentation/data_sheets/ds190-Zynq-7000-Overview.pdf. [Zugriff am 3 Juli 2015].

[27] Real Time Engineers Ltd., „FreeRTOS - Market leading RTOS (Real Time Operating System) for embedded systems with Internet of Things extensions," [Online]. Available: http://www.freertos.org/. [Zugriff am 3 Juli 2015].

[28] „lwIP - A Lightweight TCP/IP stack," [Online]. Available: http://savannah.nongnu.org/projects/lwip/. [Zugriff am 3 Juli 2015].

[29] „RapidJSON on GitHub," [Online]. Available: https://github.com/miloyip/rapidjson. [Zugriff am 3 Juli 2015].

[30] B. Lantz, B. Heller, N. Handigol, V. Jeyakumar und B. O'Connor, „Mininet - An Instant Virtual Network on your Laptop (or other PC)," [Online]. Available: http://mininet.org/. [Zugriff am 12 August 2015].

[31] B. Heller, „Ripcord-Lite on GitHub," [Online]. Available: https://github.com/brandonheller/ripl. [Zugriff am 12 August 2015].

[32] M. Al-Fares, A. Loukissas und A. Vahdat, „A Scalable, Commodity Data Center Network Architecture," *ACM Sigcomm Computer Communication Review (CCR),* Oktober 2008.

[33] B. Heller, R. Sherwood und N. McKeown, „The Controller Placement Problem," *Proceedings of the First Workshop on Hot Topics in Software Defined Networks (HotSDN '12),* August 2012.

[34] A. Tootoonchian und Y. Ganjali, „HyperFlow: A Distributed Control Plane for OpenFlow,“ *Proceedings of the 2010 Internet Network Management Workshop/Workshop on Research on Enterprise Networking (INM/WREN '10),* April 2010.

[35] J. W. Guck und W. Kellerer, „Achieving end-to-end real-time Quality of Service with Software Defined Networking,“ *3rd IEEE International Conference on Cloud Networking (CloudNet),* Oktober 2014.

[36] F. Ongaro, E. Cerqueira, L. Foschini, A. Corradi und M. Gerla, „Enhancing the Quality Level Support for Real-time Multimedia Applications in Software-Defined Networks,“ *International Conference on Computing, Networking and Communications (ICNC),* Februar 2015.

Anhang A: Link-Belegungsplan zu Kapitel 5.5

Der erweiterte Algorithmus wurde mit einer Basiszykluszeit von 100 μs und einer Schrittweite von 10 μs ausgeführt. Die Angaben zur Linknutzung haben das folgende Format:

(Nummer des Startzyklus; Zykluszeit bezogen auf Basiszykluszeit; Startzeit innerhalb des Basiszyklus; Endzeit innerhalb des Basiszyklus)

Die Angaben zur Linknutzung sind inklusive der Sicherheitsabstände. Der vollständige Link-Belegungsplan lautet:

```
usage of link from <OpenFlowSwitch 00-00-00-03-00-01> to <OpenFlowSwitch 00-00-00-03-02-01>:
usage of link from <OpenFlowSwitch 00-00-00-03-00-01> to <EthernetHost 00:00:00:03:00:02>:
    [(2, 8, 40, 100), (3, 8, 0, 100), (4, 8, 0, 100), (5, 8, 0, 10)]
    [(5, 8, 10, 100), (6, 8, 0, 100), (7, 8, 0, 100), (0, 8, 0, 20)]
usage of link from <OpenFlowSwitch 00-00-00-03-00-01> to <OpenFlowSwitch 00-00-00-03-03-01>:
usage of link from <OpenFlowSwitch 00-00-00-03-00-01> to <EthernetHost 00:00:00:03:00:03>:
    [(4, 16, 40, 100), (5, 16, 0, 100), (6, 16, 0, 100), (7, 16, 0, 30)]
    [(0, 8, 0, 100), (1, 8, 0, 100), (2, 8, 0, 70)]
usage of link from <OpenFlowSwitch 00-00-00-04-01-02> to <OpenFlowSwitch 00-00-00-00-02-01>:
usage of link from <OpenFlowSwitch 00-00-00-04-01-02> to <OpenFlowSwitch 00-00-00-01-02-01>:
usage of link from <OpenFlowSwitch 00-00-00-04-01-02> to <OpenFlowSwitch 00-00-00-02-02-01>:
    [(1, 8, 20, 100), (2, 8, 0, 100), (3, 8, 0, 30)]
    [(12, 80, 50, 100), (13, 80, 0, 100), (14, 80, 0, 80)]
    [(3, 32, 90, 100), (4, 32, 0, 100), (5, 32, 0, 100), (6, 32, 0, 30)]
usage of link from <OpenFlowSwitch 00-00-00-04-01-02> to <OpenFlowSwitch 00-00-00-03-02-01>:
    [(4, 16, 40, 100), (5, 16, 0, 100), (6, 16, 0, 70)]
usage of link from <OpenFlowSwitch 00-00-00-04-02-01> to <OpenFlowSwitch 00-00-00-00-03-01>:
usage of link from <OpenFlowSwitch 00-00-00-04-02-01> to <OpenFlowSwitch 00-00-00-01-03-01>:
usage of link from <OpenFlowSwitch 00-00-00-04-02-01> to <OpenFlowSwitch 00-00-00-02-03-01>:
    [(0, 32, 0, 100), (1, 32, 0, 100), (2, 32, 0, 20)]
usage of link from <OpenFlowSwitch 00-00-00-04-02-01> to <OpenFlowSwitch 00-00-00-03-03-01>:
    [(2, 8, 40, 100), (3, 8, 0, 100), (4, 8, 0, 50)]
    [(5, 16, 30, 100), (6, 16, 0, 100), (7, 16, 0, 40)]
usage of link from <OpenFlowSwitch 00-00-00-04-01-01> to <OpenFlowSwitch 00-00-00-00-02-01>:
usage of link from <OpenFlowSwitch 00-00-00-04-01-01> to <OpenFlowSwitch 00-00-00-01-02-01>:
usage of link from <OpenFlowSwitch 00-00-00-04-01-01> to <OpenFlowSwitch 00-00-00-02-02-01>:
    [(2, 16, 70, 100), (3, 16, 0, 100), (4, 16, 0, 100)]
    [(5, 80, 30, 100), (6, 80, 0, 100), (7, 80, 0, 100), (8, 80, 0, 100), (9, 80, 0, 100),
     (10, 80, 0, 100), (11, 80, 0, 100), (12, 80, 0, 20)]
    [(0, 32, 0, 100), (1, 32, 0, 100), (2, 32, 0, 10)]
    [(12, 16, 20, 100), (13, 16, 0, 100), (14, 16, 0, 40)]
usage of link from <OpenFlowSwitch 00-00-00-04-01-01> to <OpenFlowSwitch 00-00-00-03-02-01>:
    [(0, 40, 0, 100), (1, 40, 0, 100), (2, 40, 0, 90)]
usage of link from <OpenFlowSwitch 00-00-00-04-02-02> to <OpenFlowSwitch 00-00-00-00-03-01>:
usage of link from <OpenFlowSwitch 00-00-00-04-02-02> to <OpenFlowSwitch 00-00-00-01-03-01>:
usage of link from <OpenFlowSwitch 00-00-00-04-02-02> to <OpenFlowSwitch 00-00-00-02-03-01>:
    [(0, 4, 0, 100), (1, 4, 0, 100), (2, 4, 0, 10)]
usage of link from <OpenFlowSwitch 00-00-00-04-02-02> to <OpenFlowSwitch 00-00-00-03-03-01>:
    [(5, 8, 10, 100), (6, 8, 0, 100), (7, 8, 0, 60)]
    [(0, 8, 0, 100), (1, 8, 0, 100), (2, 8, 0, 10)]
    [(2, 8, 10, 100), (3, 8, 0, 100), (4, 8, 0, 70)]
usage of link from <OpenFlowSwitch 00-00-00-02-00-01> to <OpenFlowSwitch 00-00-00-02-02-01>:
usage of link from <OpenFlowSwitch 00-00-00-02-00-01> to <EthernetHost 00:00:00:02:00:02>:
    [(0, 4, 0, 100), (1, 4, 0, 100), (2, 4, 0, 70)]
usage of link from <OpenFlowSwitch 00-00-00-02-00-01> to <OpenFlowSwitch 00-00-00-02-03-01>:
    [(5, 80, 30, 100), (6, 80, 0, 100), (7, 80, 0, 100), (8, 80, 0, 100), (9, 80, 0, 100),
     (10, 80, 0, 100), (11, 80, 0, 100), (12, 80, 0, 80)]
usage of link from <OpenFlowSwitch 00-00-00-02-00-01> to <EthernetHost 00:00:00:02:00:03>:
    [(2, 16, 70, 100), (3, 16, 0, 100), (4, 16, 0, 100), (5, 16, 0, 60)]
    [(12, 80, 50, 100), (13, 80, 0, 100), (14, 80, 0, 100), (15, 80, 0, 40)]
    [(0, 32, 0, 100), (1, 32, 0, 100), (2, 32, 0, 70)]
usage of link from <OpenFlowSwitch 00-00-00-02-02-01> to <OpenFlowSwitch 00-00-00-04-01-01>:
usage of link from <OpenFlowSwitch 00-00-00-02-02-01> to <OpenFlowSwitch 00-00-00-02-00-01>:
```

```
  [(2, 16, 70, 100), (3, 16, 0, 100), (4, 16, 0, 100), (5, 16, 0, 30)]
  [(5, 80, 30, 100), (6, 80, 0, 100), (7, 80, 0, 100), (8, 80, 0, 100), (9, 80, 0, 100),
   (10, 80, 0, 100), (11, 80, 0, 100), (12, 80, 0, 50)]
  [(12, 80, 50, 100), (13, 80, 0, 100), (14, 80, 0, 100), (15, 80, 0, 10)]
  [(0, 32, 0, 100), (1, 32, 0, 100), (2, 32, 0, 40)]
usage of link from <OpenFlowSwitch 00-00-00-02-02-01> to <OpenFlowSwitch 00-00-00-04-01-02>:
usage of link from <OpenFlowSwitch 00-00-00-02-02-01> to <OpenFlowSwitch 00-00-00-02-01-01>:
  [(1, 8, 20, 100), (2, 8, 0, 100), (3, 8, 0, 60)]
  [(3, 32, 90, 100), (4, 32, 0, 100), (5, 32, 0, 100), (6, 32, 0, 60)]
  [(12, 16, 20, 100), (13, 16, 0, 100), (14, 16, 0, 70)]
usage of link from <OpenFlowSwitch 00-00-00-00-02-01> to <OpenFlowSwitch 00-00-00-04-01-01>:
  [(2, 16, 70, 100), (3, 16, 0, 100), (4, 16, 0, 70)]
  [(5, 80, 30, 100), (6, 80, 0, 100), (7, 80, 0, 100), (8, 80, 0, 100), (9, 80, 0, 100),
   (10, 80, 0, 100), (11, 80, 0, 90)]
  [(0, 40, 0, 100), (1, 40, 0, 100), (2, 40, 0, 60)]
usage of link from <OpenFlowSwitch 00-00-00-00-02-01> to <OpenFlowSwitch 00-00-00-00-00-01>:
usage of link from <OpenFlowSwitch 00-00-00-00-02-01> to <OpenFlowSwitch 00-00-00-04-01-02>:
  [(1, 8, 20, 100), (2, 8, 0, 100)]
  [(4, 16, 40, 100), (5, 16, 0, 100), (6, 16, 0, 40)]
usage of link from <OpenFlowSwitch 00-00-00-00-02-01> to <OpenFlowSwitch 00-00-00-00-01-01>:
usage of link from <OpenFlowSwitch 00-00-00-03-01-01> to <OpenFlowSwitch 00-00-00-03-02-01>:
usage of link from <OpenFlowSwitch 00-00-00-03-01-01> to <EthernetHost 00:00:00:03:01:02>:
  [(2, 8, 10, 100), (3, 8, 0, 100), (4, 8, 0, 100), (5, 8, 0, 30)]
  [(5, 16, 30, 100), (6, 16, 0, 100), (7, 16, 0, 100)]
usage of link from <OpenFlowSwitch 00-00-00-03-01-01> to <OpenFlowSwitch 00-00-00-03-03-01>:
usage of link from <OpenFlowSwitch 00-00-00-03-01-01> to <EthernetHost 00:00:00:03:01:03>:
  [(0, 40, 0, 100), (1, 40, 0, 100), (2, 40, 0, 100), (3, 40, 0, 50)]
usage of link from <OpenFlowSwitch 00-00-00-01-00-01> to <OpenFlowSwitch 00-00-00-01-02-01>:
  [(12, 80, 50, 100), (13, 80, 0, 100), (14, 80, 0, 20)]
usage of link from <OpenFlowSwitch 00-00-00-01-00-01> to <EthernetHost 00:00:00:01:00:02>:
usage of link from <OpenFlowSwitch 00-00-00-01-00-01> to <OpenFlowSwitch 00-00-00-01-03-01>:
  [(5, 8, 10, 100), (6, 8, 0, 100)]
  [(0, 8, 0, 100), (1, 8, 0, 50)]
  [(2, 8, 10, 100), (3, 8, 0, 100), (4, 8, 0, 10)]
usage of link from <OpenFlowSwitch 00-00-00-01-00-01> to <EthernetHost 00:00:00:01:00:03>:
usage of link from <OpenFlowSwitch 00-00-00-01-01-01> to <OpenFlowSwitch 00-00-00-01-02-01>:
  [(3, 32, 90, 100), (4, 32, 0, 100), (5, 32, 0, 70)]
  [(0, 32, 0, 100), (1, 32, 0, 50)]
  [(12, 16, 20, 100), (13, 16, 0, 80)]
usage of link from <OpenFlowSwitch 00-00-00-01-01-01> to <EthernetHost 00:00:00:01:01:02>:
usage of link from <OpenFlowSwitch 00-00-00-01-01-01> to <OpenFlowSwitch 00-00-00-01-03-01>:
  [(5, 16, 30, 100), (6, 16, 0, 80)]
usage of link from <OpenFlowSwitch 00-00-00-01-01-01> to <EthernetHost 00:00:00:01:01:03>:
usage of link from <OpenFlowSwitch 00-00-00-00-03-01> to <OpenFlowSwitch 00-00-00-04-02-01>:
  [(2, 8, 40, 100), (3, 8, 0, 100), (4, 8, 0, 20)]
  [(0, 32, 0, 100), (1, 32, 0, 90)]
usage of link from <OpenFlowSwitch 00-00-00-00-03-01> to <OpenFlowSwitch 00-00-00-00-00-01>:
usage of link from <OpenFlowSwitch 00-00-00-00-03-01> to <OpenFlowSwitch 00-00-00-04-02-02>:
  [(0, 4, 0, 100), (1, 4, 0, 80)]
usage of link from <OpenFlowSwitch 00-00-00-00-03-01> to <OpenFlowSwitch 00-00-00-00-01-01>:
usage of link from <OpenFlowSwitch 00-00-00-03-02-01> to <OpenFlowSwitch 00-00-00-04-01-01>:
usage of link from <OpenFlowSwitch 00-00-00-03-02-01> to <OpenFlowSwitch 00-00-00-03-00-01>:
  [(4, 16, 40, 100), (5, 16, 0, 100), (6, 16, 0, 100)]
usage of link from <OpenFlowSwitch 00-00-00-03-02-01> to <OpenFlowSwitch 00-00-00-04-01-02>:
usage of link from <OpenFlowSwitch 00-00-00-03-02-01> to <OpenFlowSwitch 00-00-00-03-01-01>:
  [(0, 40, 0, 100), (1, 40, 0, 100), (2, 40, 0, 100), (3, 40, 0, 20)]
usage of link from <OpenFlowSwitch 00-00-00-00-00-01> to <OpenFlowSwitch 00-00-00-00-02-01>:
  [(1, 8, 20, 100), (2, 8, 0, 70)]
  [(2, 16, 70, 100), (3, 16, 0, 100), (4, 16, 0, 40)]
  [(4, 16, 40, 100), (5, 16, 0, 100), (6, 16, 0, 10)]
usage of link from <OpenFlowSwitch 00-00-00-00-00-01> to <EthernetHost 00:00:00:00:00:02>:
usage of link from <OpenFlowSwitch 00-00-00-00-00-01> to <OpenFlowSwitch 00-00-00-00-03-01>:
  [(0, 4, 0, 100), (1, 4, 0, 50)]
  [(2, 8, 40, 100), (3, 8, 0, 90)]
usage of link from <OpenFlowSwitch 00-00-00-00-00-01> to <EthernetHost 00:00:00:00:00:03>:
usage of link from <OpenFlowSwitch 00-00-00-03-03-01> to <OpenFlowSwitch 00-00-00-04-02-01>:
usage of link from <OpenFlowSwitch 00-00-00-03-03-01> to <OpenFlowSwitch 00-00-00-03-00-01>:
  [(2, 8, 40, 100), (3, 8, 0, 100), (4, 8, 0, 80)]
  [(5, 8, 10, 100), (6, 8, 0, 100), (7, 8, 0, 90)]
  [(0, 8, 0, 100), (1, 8, 0, 100), (2, 8, 0, 40)]
usage of link from <OpenFlowSwitch 00-00-00-03-03-01> to <OpenFlowSwitch 00-00-00-04-02-02>:
usage of link from <OpenFlowSwitch 00-00-00-03-03-01> to <OpenFlowSwitch 00-00-00-03-01-01>:
  [(2, 8, 10, 100), (3, 8, 0, 100), (4, 8, 0, 100)]
  [(5, 16, 30, 100), (6, 16, 0, 100), (7, 16, 0, 70)]
usage of link from <OpenFlowSwitch 00-00-00-01-02-01> to <OpenFlowSwitch 00-00-00-04-01-01>:
```

```
    [(0, 32, 0, 100), (1, 32, 0, 80)]
    [(12, 16, 20, 100), (13, 16, 0, 100), (14, 16, 0, 10)]
usage of link from <OpenFlowSwitch 00-00-00-01-02-01> to <OpenFlowSwitch 00-00-00-01-00-01>:
usage of link from <OpenFlowSwitch 00-00-00-01-02-01> to <OpenFlowSwitch 00-00-00-04-01-02>:
    [(12, 80, 50, 100), (13, 80, 0, 100), (14, 80, 0, 50)]
    [(3, 32, 90, 100), (4, 32, 0, 100), (5, 32, 0, 100)]
usage of link from <OpenFlowSwitch 00-00-00-01-02-01> to <OpenFlowSwitch 00-00-00-01-01-01>:
usage of link from <OpenFlowSwitch 00-00-00-02-01-01> to <OpenFlowSwitch 00-00-00-02-02-01>:
usage of link from <OpenFlowSwitch 00-00-00-02-01-01> to <EthernetHost 00:00:00:02:01:02>:
    [(1, 8, 20, 100), (2, 8, 0, 100), (3, 8, 0, 90)]
    [(3, 32, 90, 100), (4, 32, 0, 100), (5, 32, 0, 100), (6, 32, 0, 90)]
    [(12, 16, 20, 100), (13, 16, 0, 100), (14, 16, 0, 100)]
usage of link from <OpenFlowSwitch 00-00-00-02-01-01> to <OpenFlowSwitch 00-00-00-02-03-01>:
usage of link from <OpenFlowSwitch 00-00-00-02-01-01> to <EthernetHost 00:00:00:02:01:03>:
    [(5, 80, 30, 100), (6, 80, 0, 100), (7, 80, 0, 100), (8, 80, 0, 100), (9, 80, 0, 100),
     (10, 80, 0, 100), (11, 80, 0, 100), (12, 80, 0, 100), (13, 80, 0, 40)]
    [(0, 32, 0, 100), (1, 32, 0, 100), (2, 32, 0, 80)]
usage of link from <OpenFlowSwitch 00-00-00-00-01-01> to <OpenFlowSwitch 00-00-00-00-02-01>:
    [(5, 80, 30, 100), (6, 80, 0, 100), (7, 80, 0, 100), (8, 80, 0, 100), (9, 80, 0, 100),
     (10, 80, 0, 100), (11, 80, 0, 60)]
    [(0, 40, 0, 100), (1, 40, 0, 100), (2, 40, 0, 30)]
usage of link from <OpenFlowSwitch 00-00-00-00-01-01> to <EthernetHost 00:00:00:00:01:02>:
usage of link from <OpenFlowSwitch 00-00-00-00-01-01> to <OpenFlowSwitch 00-00-00-00-03-01>:
    [(0, 32, 0, 100), (1, 32, 0, 60)]
usage of link from <OpenFlowSwitch 00-00-00-00-01-01> to <EthernetHost 00:00:00:00:01:03>:
usage of link from <OpenFlowSwitch 00-00-00-02-03-01> to <OpenFlowSwitch 00-00-00-04-02-01>:
usage of link from <OpenFlowSwitch 00-00-00-02-03-01> to <OpenFlowSwitch 00-00-00-02-00-01>:
    [(0, 4, 0, 100), (1, 4, 0, 100), (2, 4, 0, 40)]
usage of link from <OpenFlowSwitch 00-00-00-02-03-01> to <OpenFlowSwitch 00-00-00-04-02-02>:
usage of link from <OpenFlowSwitch 00-00-00-02-03-01> to <OpenFlowSwitch 00-00-00-02-01-01>:
    [(5, 80, 30, 100), (6, 80, 0, 100), (7, 80, 0, 100), (8, 80, 0, 100), (9, 80, 0, 100),
     (10, 80, 0, 100), (11, 80, 0, 100), (12, 80, 0, 100), (13, 80, 0, 10)]
    [(0, 32, 0, 100), (1, 32, 0, 100), (2, 32, 0, 50)]
usage of link from <OpenFlowSwitch 00-00-00-01-03-01> to <OpenFlowSwitch 00-00-00-04-02-01>:
    [(5, 16, 30, 100), (6, 16, 0, 100), (7, 16, 0, 10)]
usage of link from <OpenFlowSwitch 00-00-00-01-03-01> to <OpenFlowSwitch 00-00-00-01-00-01>:
usage of link from <OpenFlowSwitch 00-00-00-01-03-01> to <OpenFlowSwitch 00-00-00-04-02-02>:
    [(5, 8, 10, 100), (6, 8, 0, 100), (7, 8, 0, 30)]
    [(0, 8, 0, 100), (1, 8, 0, 80)]
    [(2, 8, 10, 100), (3, 8, 0, 100), (4, 8, 0, 40)]
usage of link from <OpenFlowSwitch 00-00-00-01-03-01> to <OpenFlowSwitch 00-00-00-01-01-01>:
usage of link from <EthernetHost 00:00:00:00:00:02> to <OpenFlowSwitch 00-00-00-00-00-01>:
    [(0, 4, 0, 100), (1, 4, 0, 20)]
    [(1, 8, 20, 100), (2, 8, 0, 40)]
    [(2, 8, 40, 100), (3, 8, 0, 60)]
usage of link from <EthernetHost 00:00:00:02:00:03> to <OpenFlowSwitch 00-00-00-02-00-01>:
usage of link from <EthernetHost 00:00:00:01:00:03> to <OpenFlowSwitch 00-00-00-01-00-01>:
    [(2, 8, 10, 100), (3, 8, 0, 80)]
    [(12, 80, 50, 100), (13, 80, 0, 90)]
usage of link from <EthernetHost 00:00:00:02:00:02> to <OpenFlowSwitch 00-00-00-02-00-01>:
usage of link from <EthernetHost 00:00:00:00:00:03> to <OpenFlowSwitch 00-00-00-00-00-01>:
    [(2, 16, 70, 100), (3, 16, 0, 100), (4, 16, 0, 10)]
    [(4, 16, 40, 100), (5, 16, 0, 80)]
usage of link from <EthernetHost 00:00:00:03:00:03> to <OpenFlowSwitch 00-00-00-03-00-01>:
usage of link from <EthernetHost 00:00:00:03:00:02> to <OpenFlowSwitch 00-00-00-03-00-01>:
usage of link from <EthernetHost 00:00:00:03:01:03> to <OpenFlowSwitch 00-00-00-03-01-01>:
usage of link from <EthernetHost 00:00:00:01:01:02> to <OpenFlowSwitch 00-00-00-01-01-01>:
    [(3, 32, 90, 100), (4, 32, 0, 100), (5, 32, 0, 40)]
    [(0, 32, 0, 100), (1, 32, 0, 20)]
usage of link from <EthernetHost 00:00:00:01:01:03> to <OpenFlowSwitch 00-00-00-01-01-01>:
    [(12, 16, 20, 100), (13, 16, 0, 50)]
    [(5, 16, 30, 100), (6, 16, 0, 50)]
usage of link from <EthernetHost 00:00:00:00:01:03> to <OpenFlowSwitch 00-00-00-00-01-01>:
    [(0, 32, 0, 100), (1, 32, 0, 30)]
usage of link from <EthernetHost 00:00:00:00:01:02> to <OpenFlowSwitch 00-00-00-00-01-01>:
    [(5, 80, 30, 100), (6, 80, 0, 100), (7, 80, 0, 100), (8, 80, 0, 100), (9, 80, 0, 100),
     (10, 80, 0, 100), (11, 80, 0, 30)]
    [(0, 40, 0, 100), (1, 40, 0, 100)]
usage of link from <EthernetHost 00:00:00:01:00:02> to <OpenFlowSwitch 00-00-00-01-00-01>:
    [(5, 8, 10, 100), (6, 8, 0, 70)]
    [(0, 8, 0, 100), (1, 8, 0, 20)]
usage of link from <EthernetHost 00:00:00:02:01:03> to <OpenFlowSwitch 00-00-00-02-01-01>:
usage of link from <EthernetHost 00:00:00:02:01:02> to <OpenFlowSwitch 00-00-00-02-01-01>:
usage of link from <EthernetHost 00:00:00:03:01:02> to <OpenFlowSwitch 00-00-00-03-01-01>:
```

Printed in the United States
By Bookmasters